JN098748

The Cat Encyclopedia

監修
**今泉忠明**
田草川 史彦
石原さくら

猫にまつわる
コトバが
ぜんぶわかる！

# ねこまみれ事典

ONDORI

はじめに

猫を見ていると、つい微笑んでしまいませんか?
その行動、しぐさ、一つひとつがユニークで新鮮な驚きに溢れ、
目が離せないという人も多いことでしょう。
本書は、そんな猫にまつわるさまざまな言葉を厳選し、
第1章から第4章まで各章ごとに50音順で紹介しています。

第1章は、猫を猫たらしめる、生態や行動についての言葉を解説。
第2章では、猫種や毛柄、体の部位についての各種用語を。
第3章は猫特有の造語やネットスラングまで、ちょっと変わった言葉を
ゆる〜くご紹介。
そして第4章は、猫と暮らすうえで必須の、健康や病気、生活に
まつわる用語を選びました。

日常でさりげなく使っていた言葉の意味を再確認したり、
今まで知らなかった言葉を発見したり。
猫にまつわる多種多様な言葉の意味を知ると、
より一層、猫を愛しく思えるのではないでしょうか。
用語の解説に添えた写真は、飼い主さんや猫好きさんの、
愛情がたっぷり感じられるものばかりです。
たくさんの可愛い写真とともに
本書をお楽しみいただけますと幸いです。

約1000匹もの登場猫（ネコ科動物も含む）に、まみれまみれて、
知らず知らず知識が蓄えられ、いつの間にか「猫博士」に
なっていた、なんていうのもありですよね！

くるみ＆きなこ＆
みたらし＆あずきちゃん

※本書は、日めくりカレンダー
「猫めくり」の投稿写真を中心
に構成されています。

3

## 67 第2章　からだ・猫種編

# 第1章

## 生態
## 行動編

猫の面白行動には驚かされるし、
見ていて飽きませんよね。
なぜそんなことをするのだろう？
といった疑問を解消する、
生態や行動に関する言葉を
紹介します。

## あいさつ

猫は他の猫とあいさつする際に、まず鼻をくっつけてにおいを嗅ぎ合います。猫はにおいで相手を確認し情報を得ているのです。鼻以外にも、頭や体をこすりつけ合う場合も。立場の強い猫と出合った時は、目をそらすのが猫界の常識。人とは微妙に違いますね。

くんくん、こにゃにゃちは〜
「わいも入れてくれ〜」

ノラ猫ちゃんたち

ぐりぐり、最近どう？
まあまあだな

にゃんちゃんズ

ぶるぶるぶる
気持ちいいけど、もうすぐ限界よ！

かにちゃん

（あ）

## 愛撫誘発性攻撃行動
<small>あい ぶ ゆう はつ せい こう げき こう どう</small>

　猫をなでている時に、気持ちよさそうにしていたのに、急に引っかいたり噛んだりしそうになることがあります。このことを愛撫誘発性攻撃行動といいます。これは、なでられている時間が猫の許容範囲を超えたから。人には、突然の行動に見えても、猫にはちゃんと理由があるのです。

## あくび

　猫のあくびは、人のように眠い時より、起き抜けによく見られます。それは、深い呼吸をすることで、脳を目覚めさせ、体を起こすため。また、猫特有のあくびとして、嫌なことがあったり、緊張したりした時に、自らを落ち着かせようとしてする転位行動（P45参照）のこともあります。

桃心ちゃん

猫のあくび、3連発！

ミルクティーちゃん

お茶丸ちゃん

9

2匹でじゃれ合うのも
遊びの一環♪

ろにゃちゃん&お友達

## 遊び

　猫の遊びは、野生においての狩りと
同じ。本能に基づく行動です。とくに
室内飼いの猫は、充分な運動量も確保
できにくいので、飼い主がおもちゃな
どで遊ばせることで、猫の欲求を満た
してあげられます。子猫期だけでなく、
シニア猫になっても遊びは重要ですか
ら、1日5分でもいいので、じっくり
相手をしたいですね。

ジャンプや激走など
猫の遊びはキョーレツ！

あずきちゃん

コウ&ミーコちゃん

父ちゃんのあと、どこまでも
ついてくねん！

## <ruby>後<rt>あと</rt></ruby><ruby>追<rt>お</rt></ruby>い

　猫はごはんを与えてくれる飼い
主を、母猫と捉えている節があり
ます。子猫は母猫のあとを追うも
のなので、その行動が染みついて
いることが。また、一緒に暮らす
人のことをきょうだい的な仲間と
捉えていることもあり、仲間の行
動が気になって仕方ないのです。

## <ruby>甘<rt>あま</rt></ruby><ruby>噛<rt>が</rt></ruby>み

　猫は子猫期に母猫やきょうだい猫と
じゃれ合うなかで、噛む力加減を習得
していきます。軽く噛むことを甘噛み
といい、いわば愛情のしるし。ですが、
子猫期にこうしたコミュニケーション
を学んでいないと本気で噛むことがあ
り、注意が必要です。

ハムハム…
可愛い甘噛みは子猫時代までよん

マロンちゃん

雨ってちょっと おセンチな気分ニャ

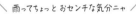

クラリスちゃん

## 雨の日

　雨が降っている日は、猫はおとなし
い、またはよく寝ている、といわれま
す。それは、野生時代に、雨の日に狩
りができず、じっとしていたことから。
窓のそばで雨だれを追う猫の姿はなん
ともロマンチックに見えますね。

## 家につく

昔から「犬は人につき、猫は家につく」ということわざがあります。群れで生きる動物の犬と比較した説で、単独行動で生きてきた猫は、自らを守るため、他者よりも生きていく環境のほうが重要だからなのです。とはいえ、猫が人につかないわけではなく、猫にとって飼い主は、家と同じ意味をもつ「安住の地」のようですよ。

なんといっても
「ウチは快適にゃ～」

おもちちゃん

## 威嚇

俗に猫が「シャーッ」と鳴く行動のことで、鳴いている顔は口角も目も吊り上がって犬歯が丸見えになるため、怒っていると思われがち。ですが、猫の心理としては「怖いよ～」との意味が大半。野生では敵意を表す時にも見せる行動です。

シャーッシャーッ
あっち行ってくだちゃい

ちゃみちゃん

## イタズラ

ゴミ箱を倒したり、障子を破ったり、カーテンによじ登ったり。そんな猫の行為は、人からすると「イタズラ」に見えますが、猫にとっては生態に基づいた真っ当な行動。飼い主が怒ったところで猫には効きません。ゴミ箱には蓋をする、壊されたくないものはしまうなど、環境から予防しましょう。

ちゃーちゃちゃん

ビリビリビリ
障子の紙って破りがいあんねっ！

びびちゃん

遊びが過ぎて、
出られなくなったご様子

い

う

## ウールサッキング

タオルケットをちゅーちゅー
ああ、至福のとき…

猫が毛布やタオル、ニットなど柔らかい感触のものを口に入れて吸ってしまうこと。毛布が代表的なものなので、その素材からこう呼ばれます。母猫のおっぱいを吸っていたしぐさの名残ともいわれ、可愛い行動に見えます。ですが、過度に行う場合は、メンタル疾患が隠れていることも。

マメちゃん

## 運動会

野生では、夜行性だった猫は、丑三つ時ほど盛んに動くようになります。薄暗闇を利用して小動物を追いかけていた本能が残っているので、家の中でも夜中ほど行動が活発になり、相手がいればなおのこと、大運動会が始まるのです。

きなこ&鹿の子ちゃん

子猫はみ〜んな運動会が大好き♡

13

むにゃむにゃ…
あの刺身うまかったにゃあ〜

ちゃーちゃん

## エピソード記憶

　たとえば、幼い頃に公園で体験した楽しい出来事といった具合に、意図的に覚えた記憶と異なり、個人的な経験をその状況を含めて記憶していることを、心理学でエピソード記憶といいます。猫にもその記憶があることが研究からわかっていて、どちらかというと嫌なことのほうをよく覚えているといわれます。

## お尻フリフリ

　獲物を捕らえようと、狙いを定めている時、猫は姿勢を低くします。今にも飛びかからんとする直前に、お尻を横に小刻みに振ることが。人が飛び上がる前にしゃがんだりするのと同じで、弾みをつける意味も。飼い猫だと、遊びの際によく見られるしぐさです。

じりじり…狙いはアレだ！

サンちゃん

# お尻ポンポン

それ、好きなやつです〜

さんぺいちゃん

猫のしっぽの付け根近辺には、さまざまな神経が通っていて、なかには生殖器につながるものも。そのため、仙骨といわれるその近辺をポンポンと軽く叩くと、喜ぶ猫がいます。敏感な部位であることは確かなので、ポンポンする時は、あくまでやさしく、手短にしましょう。

え
お

猫同士でも！ 同じ方向バージョン

ひめ＆むさしちゃん

# お尻向け

猫が飼い主の顔や体にお尻をくっつけてまったりすることがあります。そっぽを向かれているのかな、と思うかもしれませんが、猫の心理としてはまったく逆で、飼い主と相手を信頼しているからこその行動なのです。猫が背後を見せるのは、守ってもらいたいからで、安心している相手にしかしない行為です。

大＆千依ちゃん

猫同士でも！ 逆向きバージョン

# お土産

こんなお土産なら大歓迎♪

外の猫たち

たまに、猫がネズミや虫を捕まえてきて、目の前に落とされた飼い主がひぇ〜とばかりに驚くことがあります。外へ出かける猫に見られる行動ですが、飼い主にとっては嬉しくないお土産でも、猫はどこか自慢気。それもそのはず、その時の猫は、母猫気分で子猫に見立てた飼い主に「狩りはこうやるんやで〜」と教えているのです。

なめなめ
う〜ん、今日のおひげもいい感じ♪

ちゃーくんちゃん

# 顔を洗う

　猫は鋭敏な感覚を保とうと、体をなめて毛並みを整えます。顔をなめる時は、自分の舌で直接なめられないため、前足の甲をなめてから拭いています。顔には猫の触覚器官でもあるひげが多く生えているので、とくに念入りに「洗い」ます。昔から「猫が顔を洗うと雨が降る」という俗説がありますが、それは、雨が降る前に湿度が高くなるとひげがしなるため、猫が気にして顔を洗うからともいわれます。

## 猫は隠れ上手！

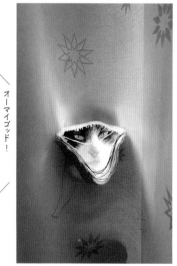

オーマイゴッド！
キャットゴースト現る！

月ちゃん

忍法隠れ身の術！
猫じゃないよ、ニャインだよ

くるみちゃん

怖いんじゃないよ
寒いだけにゃのさ

エドちゃん

## 隠れる

　単独行動だった猫は、とても慎重です。そのため、何か異変を察知すると、すぐ身を隠します。たとえば、家にお客さんが来ると、猫が出てこないなんてことはよくありますよね。猫は隠れることで、自分の身を守りながら、次に何が起きるのだろうと、よく観察しているのです。

キレイな紙の飾りも猫からしたら、獲物に見える！？　　ステラちゃん

## カサカサ音

　ポリ袋や、紙袋、新聞紙やチラシなどがカサカサ、ガサガサする音に猫はいち早く反応します。一説には、野生時代に獲物が草むらで動く音に似ているから、といわれています。ポリ袋や紙袋は猫が興奮して嚙みちぎることもあるため、誤飲しないように、くれぐれもご注意を。

こんなレジ袋は猫の大好物！
すぐさま、入っちゃいます　　昇吉ちゃん

めいちゃん

狙い撃ち〜〜〜！
家の中でも随所に見られる
ハンター気質！

## 狩り

猫は、野生時代に小動物などを捕らえて生きていました。そのため、ハンターとしての機能が全身に備わっており、猫の生態を考える時、狩猟動物であることは重要なファクターです。ハンティングの成功率はとくに高く、あの百獣の王、ライオンよりも優れているといわれます。

ゴージャスな長毛猫には
とくにブラッシングが欠かせにゃい

りんちゃん

## 換毛期
（かんもうき）

　春から夏、秋から冬にかけて、猫の毛が生え替わる季節のことをいいます。とくに夏毛に生え替わる春が、抜け毛の量が多く、飼い主さんは掃除が大変！　ブラッシングを小まめにして、表面に浮いた毛を取ってあげると、猫が毛づくろいで飲み込む量を減らせますよ。

か

き

## 利き手

　なんと、猫にも利き手があるという研究結果が発表されています。オスは左利き、メスは右利きが多いのだとか。「うちの猫はどっちだろう？」と、観察してみるのも楽しいですね。おっと、猫の場合は「利き足」ですけどね。

チェッチェケチェケチェケチェー
猫DJは、左利き！

鈴木ちゃん

てくてく　てくてく
ひたすら家路を目指すのにゃっ!

クロちゃん

# 帰巣本能
<small>き　そう　ほん　のう</small>

　米国では、何百キロも離れた土地で行方不明になった猫が、しばらく経ってから自宅に帰ってきた、とのエピソードがあります。外飼いが一般的だったその昔は、出ていって姿を見せなくなった猫が久々に戻ってきた、なんて話も。そのような例から、猫にも帰巣本能があるといわれています。猫は磁場を感じられるから、体内時計で太陽の位置を判断できるから、など、猫が方向を読む理由はさまざま推測されますが、まだはっきりしたことはわかっていません。

き

くりくりの瞳は
子猫気分？ 飼い猫気分？

ミルちゃん

# 気まぐれ

　一匹の猫には、子猫気分、親猫気分、飼い猫気分、野生猫気分の、４つの気分があるといわれます。この４つが、状況ごとに顔を出すので、「猫は気まぐれ」に見えるというわけです。
　一日のなかでもころころ変わる猫の気分。それに振り回されるのも、飼い主ならではの楽しさかもしれませんね。

## キャットタワー

　野生時代、木登りをしていた猫は、上下運動が大好き。猫が室内でもその本能を満たせるように、縦方向の運動を意識して作られた遊具がキャットタワーです。窓際に置いて、外を見られるようにしてあげると、猫はより楽しめるでしょう。

我ら、キャットタワー愛好会♪

こゆきちゃん

お庭の草花で
季節を感じているにゃん

茶々丸&虎太郎ちゃん

タワーのハンモックに
無理矢理2匹で入るのがスキ♡

あんずちゃん

最上階からの見晴らし
最高でんな〜

ちょろ松ちゃん

## 嗅覚

犬ほどではありませんが、猫の嗅覚もなかなかのもの。一説では、においを嗅ぎ分ける力が人の数十万倍とか。それは、鼻腔の奥にある嗅上皮の細胞の数が人より圧倒的に多いため。においを嗅ぎ分ける能力がいちばん発揮されるのが、口にするものの危険性です。自らの命を守るため、ここぞとばかりに鼻を利かせるのです。

ふむふむ、この花は
○月○日から
枯れ始めたようです

## 嫌いなこと

縄張りの安心・安全が一大事な猫にとって、それらを脅かすようなことは大嫌い、または苦手といえるでしょう。大きな音、ガツガツ触ってくる動きの大袈裟な人、普段は嗅がないにおいなど。柑橘系の香りも、刺激が強いからか、嫌いな猫が多いようです。

むく前のミカンはね、
大丈夫なのさ～

みるくちゃん

## くねくね

ツナちゃん

猫が寝転がって、飼い主の前で体をくねくね動かすのは、たいてい構ってほしくて、しているしぐさ。信頼している相手に見せる、甘えのポーズなので、声をかけたりして反応してあげたいものです。また、妙に興奮している、背中が痒い、発情している、などの理由からもくねくねすることがありますから、愛猫をよく観察して判断を。

かいーの、かいーのではありませんから！

ん？　得意のヨガポーズ？「くねり方」が見事です！

育ちゃん

さんちゃん

ケケケケケケケ

## クラッキング

　遊んでいる時や、窓の外に鳥を見た時、猫が「ケケケ」「カカカ」と、普段なら聞いたこともないような鳴き声を出すことを、クラッキングといいます。これは、獲物がそばにいるのに、捕まえることができないもどかしさから鳴いているともいわれます。こんなふうに鳴いている時は、狩猟モードなので、飼い主はむやみに近寄らないほうが身のためです。

興奮、マックス！
ひげの前のめりぶりにも注目！

23

みけちゃん

# グルーミング

　いわゆる「毛づくろい」のこと。猫は、頻繁に舌で毛をなめて顔だけでなく自身の体をよく掃除しています。グルーミングには、単に体を清潔に保つだけでなく、他にも重要な目的があります。自身のにおいを消して敵から身を守る、舌にある突起物で皮膚を刺激して血行をよくする、体を冷やす＆防寒、そして気持ちを落ち着かせるリラックス効果まで。これだけ役割があるのだから、猫が頻繁にグルーミングしているのも、うなずけますね。

ペロペロペロペロ
舌の使い方がポイントにゃっ！

目を閉じて集中している
毛づくろい中は、
声かけないでね

メープルちゃん

鼻で花のにおいを確認！
くんくん、大丈夫っぽいね

# くんくん

　見知らぬものや気になるもののにおいを嗅いで、確かめる行動のこと。猫は、においでさまざまな情報を得ています。飼い主が帰宅すると、カバンをくんくん。宅配便が届くと箱をくんくん。見慣れぬものが安全かどうか、チェックせずにはいられないのです。

れいなちゃん

く

け

## けりけり

　猫が何かを捕まえて、後ろ足で思い切りける行動をすることがあります。野生時代の狩りの再現のようで、この時の猫は、すっかり狩猟モード。近づかず、遠目で見守りましょう。そんな狩猟本能をくすぐるおもちゃが、けりぐるみです。マタタビが入っているものも多く、猫が喜ぶおもちゃのひとつです。

子猫だって、立派な
ハンターにゃのよっ

けりけり、ガジガジ
このエビ、大好物だい！

こむぎちゃん

フレディちゃん

なになに〜？ この紙切れは！
美しい香箱に水を差さにゃいで

ちゃみーるちゃん

お洒落インテリアで
くつろいでま〜す

はまちゃん

♪
いろんな
香箱
♪

## 香箱座り

こう ばこ すわ

　猫の座り方のひとつで、全体のシルエットが、お香を入れる丸みのある箱に似ていることからネーミングされたよう。猫は前足、後ろ足を内側にコンパクトに折りたたみ、しっぽを体に沿わせています。海外では、その形からミートローフとも呼ばれるそう。すべての足をしまい込んでいるので、すぐには立てず、リラックスしている座り方ですね。とはいえ、頭は起きているので「何かあるかもしれない」という警戒心は忘れていない状態です。

ほのかな明かりで
リラクゼーション中

ラブちゃん

これぞ、見事な
ミートローフでござる

とら吉ちゃん

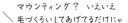

# 交尾

猫は、交尾の刺激によって妊娠する「交尾排卵」をする動物です。そのため交尾すると100%妊娠するといわれます。1回の出産で、3〜4匹の子猫が生まれることもざらなので、不妊手術をしていないと、鼠算式に子猫が増えてしまうのは、生態上避けられないことなのです。また、飼い猫ですでに不妊手術をしていても、他の猫の上に乗って交尾のようなしぐさをすることがあります。これをマウンティングといい、自分が優位に立ちたい時に見せる行動です。

マウンティング？ いえいえ
毛づくろいしてあげてるだけにゃ

ラン&クルちゃん

オシッコのにおいは
子猫もいっぱです！

笑ちゃん

# コーキシン

2006年に発表された、猫のオシッコのにおいが臭い理由に関連する物質のこと。尿中に含まれるタンパク質の「コーキシン」がさらに分解されてつくられる「フェリニン」が、この特有なにおいの原因であることが突き止められました。ちなみに、この物質の名前の由来は、その構造と「好奇心」からだそう。何でも気になる猫の生態をよく表現していますね！

## ゴロゴロ音（おん）

　猫をなでていると、ゴロゴロと鳴くことがあります。鳴くというより、体が共鳴しているといった感じ。初めて聞くと、この独特な音に驚きますよね。子猫が母猫のお乳を飲む時に、「ここにいるよ」や「満足したよ」と伝えるために発していたのが元といわれます。一説には、喉頭の筋肉が収縮し、声帯を振動させて音を出すといわれますが、真偽のほどはよくわかっていません。飼い主に甘えている時、気持ちいい時以外に、体調が悪い時も自身を安心させるために鳴くようです。

トラちゃん

## 子別れ（こわかれ）

　野生において猫は単独行動なので、母猫は子猫を自立させるため、早いうちからあえて子猫を突き放します。自分で食い扶持を探して生きていくために必要な試練なのです。飼い主は母猫とともにいることはレアケースですし、食事も人から与えられます。したがって子別れがなく、いつまでたっても子猫気分のままなのです。

ノラちゃんズ

＼カーテンレールだって／
＼おちゃのこさいさいニャ／

ボビン・スーちゃん

＼つま先立ちだって、抜群の安定感！／
＼あ、手（前足）ついてたわ…／

うららちゃん

こ

し

## 指行性
（しこうせい）

　猫のかかとってどこだかわかりますか？　人のかかとは歩く際に地面をしっかり捉えているので、猫のかかともいちばん大きな肉球の縁あたり？　と思ったら大間違い。写真のように、猫は常にかかとを浮かせた状態で歩いているのです。この指先だけをついて歩くことを指行性といいます。つま先立ちなので、静かに＆素早く歩けるというわけなのです。

## 忍び足
（しのあし）

　ソロリソロリといつの間にか対象に近づけるのが猫。このような忍び足が可能なのも、上記の指行性に関連しています。つま先立ちなので、音を立てずに素早く進めるのです。他にも肉球がクッションになっていて足音を吸収できる、後ろ足の関節が柔軟である、など。この狩猟動物ならではの歩き方の特徴で、忍び足が得意なのです。

＼そろ〜りと近づいて行き…／
＼おっとバレバレじゃん！／

2号＆1号＆なみちゃん

好奇心もいっぱい！
たくさん遊ぶことが大事です

ほたるちゃん

# 社会化期

　生後2週〜8週前後の期間で、猫が環境や他の個体やさまざまなものに慣れる時期のことをいいます。この時期に、きょうだい猫や他の個体、人や物に慣れることで、その先のコミュニケーション能力が培われるのです。成長したあとでも、人や物に慣れさせることはできますが、よりハードルが高くなるので、可能なら、この順応性が高い時期に、爪切りなどのお手入れにも慣れさせておきたいものです。

放しませんよ〜
どこまでも食らいつきます！

ランディちゃん

# じゃらしおもちゃ

　棒や釣り竿状のものの先に、羽根やふわふわ、キラキラした部分がついた、猫が大好きなおもちゃです。動くものに目がない猫ですから、うまく獲物の動きをまねて、なるべく集中して遊んであげましょう。そうすることで、狩りの代わりとなるので、猫の本能を満たすことができ、人も猫も幸せ気分に♪

ふうたちゃん

遊ぶときは、必ず
何回かキャッチさせると◎

ジャンプの瞬間をパシャリ。
さ〜て、このあとどうなったでしょう？

セブちゃん

## ジャンプ力

　猫と暮らしていると、「たまげた！」と思うことが多々あります。ジャンプ力もそのひとつ。フローリングの床から冷蔵庫の上までなんて、軽く飛んでしまいます。そう、猫は体が柔軟なうえに、後ろ足の筋肉が発達しているため、自分の体の5倍くらいの高さを余裕でジャンプできるそうですよ！

アイスクリームもらいに
集まったにゃ。
え、あれ看板？
ニセモノ？　がっくし

島の猫たち

## 集会

　主に、外で暮らす猫たちが、空き地や公園などで、一定の距離（2m以上）をとって集まっていることを「猫の集会」といいます。猫たちは、単独で思い思いのしぐさをしていて、まったりと座ったりしていることが多いよう。群れで生活をしない猫たちが、どうして集まってくるのか、理由はよくわかっていないのですが、近くで暮らす他の猫の存在を確認している、との説もあります。距離をおきながらも相手を認めているという、なんとも大人な社交性、人も見習いたいところですね。

ふわ〜
だりぃな〜
わかる〜
私も最近疲れちゃって

漁港の猫たち

首輪のバンダナまでお揃い。
前足の微妙な位置がポイント

ホームズ＆ワトソンちゃん

# シンクロ

　シンクロとは、同調という意味。猫が複数でいる時に、相手の動きに合わせて同じしぐさをすることを指します。猫たちが同じポーズで寝ていたり、同じほうを向いていたり。微笑(ほほえ)ましくて、見ているとつい笑みがこぼれますよね。子猫は母猫のしぐさをまねして成長するので、シンクロするということは、相手を信頼している、つまり仲がいい証拠のようですよ。

首の角度に注目っ！
視線の先にあるのは…

くろ＆だいきち＆しゅんたちゃん

シンクロ
4連発！

ハナ＆ラムちゃん

短毛＆長毛バージョン？
よく揃っております！

しっぽに注目っ！
揺れる動きもシンクロ〜

アーリーちゃん＆お友達

そんな瞳で見つめられたら…
たまりませんにゃ〜

マリーちゃん

# 新聞紙

　新聞を読んでいると、猫が上に乗ってきて、「もう〜読めない！」なんてことはありませんか？　そう、なぜか猫は新聞紙が大好き。インクのにおいに反応している、紙がカサカサ音をするのが気になるなど、理由はいくつかあるようですが、いちばんは飼い主が何かに夢中になっているのが気になるから。「新聞よりも自分を見て」という気分なのでしょうね。

こむぎこちゃん

# 睡眠時間

　猫と暮らしていると、昼間はほとんど寝ているな〜と気づくことでしょう。猫の睡眠時間は14時間ほど（子猫と高齢猫はさらに多い）といわれます。ただし、ほとんどが浅い眠りのレム睡眠。寝ている時でも、ちょっとした物音で飛び起きるように、猫はあんまり熟睡していないようですね。

Zzzz…
夢の中身はなんじゃらほい

はやくにおいを
消さなくちゃっ

みーちゃん

し

す

# 砂かけ行動

　猫は、オシッコやウンチが済むとトイレの砂を排泄物の上にかける行動を繰り返しますよね。トイレの砂をかけてはくんくんとその場所を嗅ぎ、またザッザッと。それは野生時代に休み場周辺で身を守るために自分の痕跡を消していた名残から。なかには、あまり砂かけをしない猫もいます。それはあえて縄張りを主張しているからだそうですよ。

# スフィンクス座（すわ）り

　猫の座り方のひとつで、名前の由来は、まさしくエジプトのスフィンクス像に似ているから。香箱座り（P26参照）と同様に、後ろ足を折りたたんで、お腹を床につけたコンパクトな状態で、前足だけ伸ばしている座り方のこと。すぐ起き上がることができる体勢なので、香箱座りよりもさらに警戒心が強いといわれます。また、何かを期待している時の座り方という説も。

威風堂々
まるでライオン？

モコちゃん

# スプレー

　壁や木などに垂直にオシッコをかける行為のことで、オス猫に多い傾向があります。自分の縄張りを主張するために、より高い位置にかけようとし、そのにおいは普段のオシッコより強烈。こうしたスプレー行動は、去勢手術により減らすことが可能です。

スリ〜スリ〜
これが私のリラックス法♪

ひなちゃん

## スリスリ

　猫が、家具や柱に体をこすりつけるスリスリは、自分のにおいをつけて縄張りを主張する行動。飼い主の足などにスリスリするのも、同様に「私の縄張り」とアピールしたいから。飼い主が帰宅した際などにする場合、外でつけてきたにおいに自分のにおいを上書きして安心しているのです。普段より頻繁にスリスリが見られる場合は、逆に安心していないかもしれないので、注意して見てあげて。

箱の中から
ひょっこりにゃん♪

りらちゃん

## 狭くて薄暗い

　野生時代、単独行動の猫は、外敵から身を守るために、樹木の空洞などで休息したりしていました。その名残で、飼い猫も狭くて薄暗い場所が気になります。いやむしろ好きなようですね。飼い主さんは、そんなところに隠れてないで、などと無理に引き出さず、やさしく見守ってあげましょう。

くる平ちゃん

モグラじゃないよ、猫だよ。
筒の中は快適にゃ

目が見えなくなったって
素早く走れるのにゃっ！

す

せ

そ

ゆとちゃん

# 走力

外で暮らす猫を見るとわかるように、知らない人間が声をかけようものなら、一瞬で逃げて遠いところまで駆け抜けていってしまいます。そう、猫は瞬発力に優れ、短距離走が得意です。なんと最高時速は50㎞ともいわれます。ただ、猫の筋肉は、瞬時に力を出せる類いのものが主なので、持続力には欠けるようです。

37

この時間になると
いつもおねむです…ＺＺＺ

チャーちゃん

砂時計と体内時計、
どっちが正確？

ニャン太ちゃん

## 体内時計

毎日、同じ時間に飼い主を起こす、同じ時間に排泄する、同じ時間に寝ている、など。猫の行動を見ていると、時間に規則性があることがわかります。それは、猫の体内時計がわりと正確だから。野生時代の習性は、飼い猫になってもさほど変わらないようですよ。

## 高い声

猫は、高くて小さな声を好みます。それは、子猫が高くて小さく鳴くから。同種の守るべき存在と、脳内にインプットされているのかもしれませんね。逆に低くて大きな声は、威嚇されているように感じるので、苦手なようです。ですから猫には、高くやさしいトーンで話しかけましょうね！

忍法「木と同化する」の術！

マツタケちゃん

天井に頭をつけて
どや顔ですにゃ

蛇琥ちゃん

た

高い場所
4連発！

## 高い場所

　本棚や冷蔵庫の上など、猫は家の中でも高い場所に好んで行きたがります。その理由は、野生時代に木の上などに登って周囲を見渡していたから。縄張りの安全をチェックする他、外敵から身を守るためにも高い場所は有効でした。ですから、室内でも家具の配置などを工夫して、登っても大丈夫な場所を猫に用意してあげるといいですね。

しゅうちゃん

神棚からこにゃにゃちは〜。
神様ならぬ、お猫様

ちゃー＆とら＆もえ＆ぷっちゃん

集合場所は
冷蔵庫の上なり

銅像じゃないよ、
子猫だ〜い！

## 立つ

　猫がまるでミーアキャットのように、後ろ足だけで立つことがあります。たいていは、体を起こして周囲を見渡し、気になるものを確認しようとしているから。その他、遊んでいる途中に勢いで立ったり、何かに驚いて立ったりしてしまうことも。猫の後ろ足は筋肉が非常に発達しているため、後ろ足で立つことも容易なのです。また、好奇心旺盛な子猫時代のほうが、立ち姿がよく見られます。

レイルちゃん

今日のごはんは何かな〜？
思わず立っちゃいました

モカちゃん

あらよっと！ 遊んでたら
S字フックに吊られたわい

ハッチーちゃん

子猫のうちに慣れさせれば
抱っこ好きになるかも♪

ゆめこちゃん

## 抱っこ

　猫は平均4kgほどと、体が小さいので、つい抱っこをしたくなってしまうのが、飼い主の性。でも本来、猫は抱っこが苦手。抱っこ好きな猫は少数派と思って間違いないでしょう。なぜなら体を拘束されることは命の危険だと本能的に感じているから。なので、抱っこが好きな猫以外は、無理強いするのはやめておきましょう。

おっとアブナイ！　ベランダでは
必ず飼い主さんが見守ってあげて

ぴっぴちゃん

## 脱走

　元ノラ猫など、外の世界を知っている猫は、家から出たがることが多いもの。ですが、外の世界は交通事故や他のノラ猫などとのケンカのリスクもあり、危険がいっぱい。なるべくなら愛猫は完全室内飼いでお世話したいものです。脱走ルートで多いといわれる玄関とベランダは、何かしらの対策をしておくといいですね。

## だるまさんが転んだ遊び

ダイチちゃん

ピタッ

　愛猫との「だるまさんが転んだ遊び」って？　飼い主さんが猫から少し距離をとって、猫の関心を引き、猫が向かってきたら、ひょいと身を隠します。そしてすぐ現れると、猫はピタッと動きを止めるはず。それを繰り返すといつの間にか飼い主さんに近寄っている、といった具合です。これは、まさしく狩りの手順。飼い主さんを獲物に見立てて近づいているのです。

お洒落なネクタイ姿で
にじり寄ってきます

41

しろちゃん

## 単独行動

猫の行動を決定づけている生態としての大きな要因が、野生では単独行動であったことです。犬が群れで生活していたことと比べると、その違いは一目瞭然。自分の食べ物は自分で探さないとならず、外敵から身を守るのも自分自身しか頼れません。そんな行動様式から、クールに見えたり、人と距離をおいたりするわけなのです。

42

# 段ボール箱

　猫が段ボール箱を好きなことは、よくご存知ですよね。せっかく素敵な猫ベッドを買ったのに、商品が入っていた段ボール箱のほうに夢中になってしまう、なんてよく聞く話ですね。猫が好む理由は、体がすっぽり入って落ち着くから、においが好き、爪が引っかかり研ぎがいがある、意外と暖かい、などのようですよ。

＼ 段ボール箱とは ／
破壊するためにあるのだ…

うめちゃん

もなちゃん

＼ この側面のナミナミ構造が ／
好きにゃんよ〜

# 知能

　猫の知能は、人でいうと3歳児くらいだといわれています。犬もそのくらいなので、猫にしつけを教えようと思えば、できないこともないのです。また、言葉を覚える能力や、短期記憶が優れていることもわかっています。ただ、猫は気まぐれで、その時その時の反応がバラバラなので研究対象として判断が難しく、いろいろわかっていないことが多いようですよ。

もけぞうちゃん

＼ 猫が賢いこと ／
わかってますよね？

43

日が長く
なりましたにゃ。
そうですにゃ。

ほたて&るん太ちゃん

# 長日性季節繁殖動物

猫は、基本的には日照時間が14時間を超え長くなると発情期を迎えます。これを長日性季節繁殖動物といいます。春に発情して妊娠した場合、子猫を産んで育てる時期が暖かくなり、子育てしやす

くなるからです。ただし人工的に明るい室内では、季節に関係なく発情することも。ちなみに、日照時間が短い頃に発情する動物を、短日性季節繁殖動物といい、ヤギやヒツジなどが相当します。

# 爪とぎ

　猫と暮らしていると、お気に入りの家具などに、まさかの爪とぎをされてしまった経験がある人も多いのでは。人にとって困る爪とぎも、猫には大事な意味があります。狩猟動物である猫は、前足の爪で獲物をしとめるため、常に爪とぎをして古い爪をはがしています。また、爪や肉球の近辺には臭腺があり、ここから分泌液をこすりつけて、マーキングをしているのです。

ふむふむ
爪の引っかかりが
いい感じ～

トラちゃん

ち

っ

て

ネプちゃん

ペロリペロリ
ぜんぜん、
へーきだもんね～

## 転位行動

　猫が、ジャンプに失敗したり、飼い主さんに怒られたりした時に、突然毛づくろいを始めることがあります。これは、人が何か失敗した際に頭をかく行為と同じようなもので、転位行動といい、自らを落ち着かせる意味で行っています。毛づくろいの他にも、あくびをしたり、鼻をなめたりするのも、転位行動のひとつです。

きれいな夕焼け〜
明日はきっと晴れみたいにゃ

ミュウちゃん

# 天気

　雨の日の猫は眠い、って聞いたことありませんか？実際、猫は晴れの日より、雨降りの日のほうがおとなしくしているようです。それは、野生時代に、晴れの日には狩りをし、雨の日にはじっと身を隠していたからといわれます。また、湿度が高くなると猫のひげがしなるため、天気に敏感との説も。

ちくわちゃん

トンネルを抜けたら
そこは…バラニャイス！

# トンネル

　猫は、野生では穴倉に潜んでいる小動物を獲物としていたため、穴を見ると覗(のぞ)かずにはいられない習性があります。飼い猫もその名残からか、細くて長いトンネルが大好き。ということで、トンネルおもちゃが好きな猫が多いわけなのです。

ね、ね、わかるよねっ
ワタシの要求

ニャ〜

みゅなちゃん

## 鳴き声

「ニャ〜」「ンナ〜オ」「ニャッ」
など、猫の鳴き声は多彩です。
一説には、16種類以上あるとも。
ただし、野生では、猫同士で鳴
き合うのは、「シャーッ」など、
どちらかというと威嚇する時や
危険な時が大半です。猫は人と
暮らすようになってから、自分
の意思を伝えるために鳴き声の
バリエーションが増えたともい
われています。

て

と

な

## なでる

　性格にもよりますが、飼い主さんになでられる
のが好きな猫は多いよう。猫は、あごの下や眉間、
耳の付け根や背中、頭など自分でなめられないと
ころをなでられると喜ぶことが多い傾向に。一方、
お腹やしっぽ、足先などは嫌がる猫が多いので、
しつこくなでるのはやめておきましょう。

謎の棒がなぜだか
とっても心地いい〜♪

ちびちゃん

さんちゃん

おでこのあたりが
気持ちよかです〜

47

なめなめなめなめ
むーん、気持ちんよか〜

もよ&ぽん吉ちゃん

あーちゃん&お友達

## なめる

　猫は自分の体をよくなめますが、他の猫や人もなめます。なめることで、相手を信頼していると伝えているのです。たとえば母猫は、子猫の肛門をなめて、排泄を促します。そのように、なめるという行為は、猫にとって非常に重要なもの。手をペロペロなめられたら、猫からの親愛の証しと思っていいでしょう。

ねえねえ、あのね。
なーに？
なめたかっただけにゃ

のっし、のっし、
外へ出かける猫の
縄張りは広いのニャッ

# 縄張り

　猫は縄張りで生きる動物です。とくに食事をしたり寝たりするホームテリトリーを侵されたくないので、その中でのにおいの変化には非常に敏感です。猫にとっては、一緒に暮らす飼い主さんも縄張りのひとつ。飼い主さんが帰宅すると、バッグや足などをくんくん嗅ぎ回るのは、新しいにおいがついているから。すると猫は不安になるので、そこにスリスリして自分のにおいを上書きして、縄張り内を安心できるにおいで満たそうとするのです。

ぽん吉ちゃん

ごっくん、アジの開き
食べたいにゃ～ん

# 肉食動物

　意外かもしれませんが、猫は完全肉食動物です。野生では、獲物を食すときには丸のみしていたともいわれます。そのため、雑食の犬と比べると、食事をすりつぶす役割の臼歯（きゅうし）が少なくなっています。とはいえ、飼い猫に肉をそのまま与えることはできないので、猫にとって必要な栄養素が含まれているキャットフードを与えれば問題ないでしょう。

アッシュ＆シルバちゃん

つぶらな瞳、柔らかい体…
この魅力には抗えません！

トムちゃん

# ネオテニー

　ネオテニーとは、幼い特徴をもったまま、性成熟して大人になること。幼形成熟ともいわれます。猫は、子猫の可愛い顔とさほど変わらずに成猫になりますよね。また、飼い猫は狩りをする必要がないので、成長しても子猫のような行動を見せる傾向があります。そのような理由も相まって、人は猫にメロメロになってしまうのかもしれませんね。

# 猫草

　ペットショップなどで売られている、いわゆる猫草は、イネ科植物の燕麦などの新芽。キャットグラスとも呼ばれます。猫は、猫草を食べることによって、グルーミングの際に飲み込んでしまった毛を排出しやすくしているのです。猫草にまったく興味がない猫もいて、必ずしも猫に必要なものでもありません。あくまでも嗜好品ですので、好む猫にだけ、少量与えるといいでしょう。

この細長さが
たまらないのニャッ

トリニティーちゃん

わが家にはわが家の
ルールがあるニャッ！

5にゃんずちゃん

# 猫社会

　単独行動ではありますが、いえ、単独行動だからこそ、猫には猫なりの社会的ルールがあります。とくに外で暮らす猫は、縄張り内で他の猫と出合っても、目をそらしてすれ違おうとします。無用のケンカを避けるための、暗黙のルールなのです。無駄な争いをしない猫に、人間もぜひ学びたいところですね。

このベッドの寝心地
最高にゃんっすよ〜

D助ちゃん

ん?
人じゃないよね?
無防備すぎる〜w

はまちちゃん

緩んでます〜緩んでます〜
舌が出てますよ〜〜

こもも&すももちゃん

## 寝姿

昼間の猫はほぼ寝ている、といっても過言ではないでしょう。そのくらい飼い猫の寝姿は目につきます。思い思いの格好で寝ていますが、猫の寝姿には、リラックス度が表れています。お腹を出して寝ている姿のリラックス度は高く、頭を上げて座るような形で寝ている時は警戒している、といったように。また、寝姿は気温にも左右され、15℃を下回ると丸くなって寝るようですよ。

## ネズミ

ぴよちゃん

トムとジェリーではないですが、猫と言えばネズミ、ネズミと言えば猫ですね。昔から猫は、人に害をもたらすネズミを捕獲してくれたので、重宝されてきました。一説では、ネズミは猫の完全栄養食だったとも。その名残で、今もネズミの形をしたおもちゃは、猫の"大好物"。食べちゃわないように、誤食には充分気をつけたいですね。

はい〜ネズミ屋さんの
開店セールですニャ

## ノーズタッチ

　猫の顔に指を近づけると、とっさに鼻をつけてくんくんしますよね？このことをノーズタッチといい、猫独特のあいさつのようなもの。また、猫は細長い棒状の形に妙に惹かれるようで、反射的に指に近づきます。そうしてにおいで飼い主さんを確認して安心感を得ているのです。

くんくん、
これならオッケーかな？

ノラちゃん

まるで、アーティスティック
スイミング？

大事な前足は思い切り
伸ばしま〜〜〜〜す

## 伸び

　にゃん体（軟体）動物の猫、よくグィ〜ンと伸びをしている姿を見かけますよね。狩りの時間以外は、余計な体力を使わないよう寝ている猫ですが、寝起きには体のメンテナンスのために伸びをしています。縮こまった筋肉をほぐして、血行をよくするための、いわば猫流ストレッチなのです。

メルちゃん

横顔に哀愁が漂ってます…
毛割れがシブいっ

# ノラ猫

　街中や公園などにいる猫のう
ち、特定の飼い主がいない猫全
般をノラ猫と呼びます。自ら食
べ物を探す必要があり、交通事
故や猫同士のケンカに巻き込ま
れる危険も大。さらに、感染症
にかかる恐れもあります。寒さ
や暑さに耐え忍ぶことも想像す
ると、ノラ猫の生活は非常に過
酷です。それゆえ、平均寿命は
飼い猫に比べて短く、4才くら
いといわれます。

ノラ猫一家で
民家に訪れることも。
警戒心、高めです

53

ノアちゃん

洋服タイプのハーネスが
まるでベストみたいでクール！

# ハーネス

　猫の体につけて、動きをコントロールする胴輪で、ひもだけのものや洋服タイプなどがあります。動きの激しい猫には、犬のような首輪＋リードよりも、ホールド感があるハーネスがおすすめです。最近は、散歩など猫を外に連れ出す人もいて、ハーネスを装着している猫もよく見かけるように。動物病院へ連れていく際などにも、脱走を防げて便利です。

ドレミちゃん

薄闇で光る
猫の目キラリ★

# 薄明薄暮性
はく めい はく ぼ せい

　猫はよく夜行性といわれますが、より詳細にいうと、薄明薄暮性です。「薄明」は明け方で、「薄暮」は夕暮れ。つまり真っ暗ではない時間ということですね。たとえば、朝の4時や5時、夕方の5時、6時などの薄暗くなってくる時間に猫の獲物であった小動物が動き出します。それを狙って狩りをしていた名残で、猫もその頃に活発に動くようになるのです。

## 発情期

猫の発情期は、基本的に日照時間が14時間を超えて長くなる季節です（P44長日性季節繁殖動物を参照）。発情するのはメスのみで、オスは発情したメスのフェロモンを嗅ぎとって反応します。

のっし、のっし
今日も家の中は安全でごわす

ジュンちゃん

## パトロール

猫は縄張りで生きる動物なので、何よりも自分の置かれている環境の安全が重要事項です。そのため、飼い猫は家の中をあちこちパトロールしてチェックしたがります。一度、入ったことのある部屋などには、習性から行かずにはいられません。なので猫を行かせたくない部屋には、初めから入れないようにしたほうがいいでしょう。

## 鼻チュー

猫が鼻と鼻をくっつけていると、まるで鼻でキスをしているみたいに見えますよね。でもじつはお互いの口のにおいを嗅いでいるのです。それは、においからさまざまな情報を受け取りたいから。ロマンチックに見えて、現実的な行動なのですね。

今日はどない？　まあまあやな
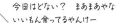
いいもん食ってるやんけー

あんる&ろいちゃん

ぷくちゃん

ゴージャスなサンルームで
優雅に日向ぼっこにゃ♪

# 日向ぼっこ
（ひ　なた）

　日の光が差し込む窓辺で、気持ちよさそうにしている猫の姿をよく見かけますよね。そう、猫は日向ぼっこが大好き。猫が日向ぼっこをする理由はさまざまありますが、体を温めて血行をよくする、被毛の殺菌、ビタミンD生成、体内時計の調節、などが、主な効能・効果らしいですよ。

みぃやちゃん

むーん　感じる感じる
フェロモンがきてま～す

トラちゃん

ひ

ふ

# フェロモン

　フェロモンとは、同種の動物同士で特定の行動を起こさせるにおい物質のこと。とくに発情期のメスの猫から発せられる性フェロモンは非常に強力で、かなりの広範囲でオスの猫を惹きつけるようです。性的なもの以外にも、マーキングや自己鎮静などにフェロモンは広く使われています。

# ふみふみ

　毛布など、柔らかいものの上で、猫が前足を交互に動かすこと。何かを踏んでいるようなので、ふみふみ、またはモミモミとも呼ばれます。これは、子猫の時に母猫のおっぱいを前足で押しながら飲んでいたことの名残で、甘えたい気分の時によく見せるしぐさです。

同居猫同士で
「ふみふみ」。
まるでマッサージ♪

テン＆ユズちゃん

57

## ブラッシング

　自ら毛づくろいする習性をもつ猫には、ブラッシングは必要ない？そんなことはありません。毛が生え替わる換毛期には、飲み込む量が多くなり吐いてしまうことも。それを防ぐためにもブラッシングは有効な手立てです。とくに長毛猫は毛が絡みやすくなるので、できる限り頻繁にしてあげて。

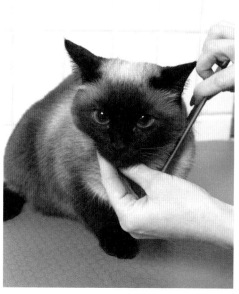

飼い主さんとの
コミュニケーションにも！

くさっ

カリちゃん

出た〜まるで引きつり笑い！
フンガー、臭いニャッ

## フレーメン反応

　猫の口内には、鋤鼻器(じょびき)といわれる器官があります。フェロモンを感じとった際には、この鋤鼻器でもっと感じとろうと、口を開いて吸い込もうとします。この時の、いわゆる「変顔」のことをフレーメン反応といいます。人の足のにおいや同居猫のお尻のにおいを嗅いだ時に、よく見られるようですよ。

出初式じゃないよ。
脚立は見晴らしサイコー

# 平衡感覚
へい こう かん かく

　少し高いところから落ちても、猫は瞬時に体勢を変えて、必ず足から着地することができます。その理由は、体のバランスを保つ三半規管が非常に優れているから。このバランス感覚に加え、反射神経も優れている猫は、まるで体操選手のようですね。とはいえ高層階のベランダからの落下は危険ですから、飼い主さんは充分ご注意を。

諭吉ちゃん

子猫のベイビースキーマは
破壊的かもしれませんね！

鹿の子＆キナコちゃん

ふ

へ

# ベイビースキーマ

　なぜ猫が「可愛い」と思われるのか。それは、人の赤ちゃんと同じような要素をもつからという説があります。丸い顔、大きな目、小さな鼻、柔らかな感触…。相手に可愛いと思わせる、これらのことをベイビースキーマといいます。つい守ってあげたい！　と人に思わせてしまう天才なのですね、猫は。

親猫と子猫で保護される
パターンも多いよう

# 保護猫

　ノラ猫や、飼い主からの飼育放棄などで、保護された猫全般を「保護猫」といいます。以前から猫との出会いは、突然拾ってしまったケースも多く、最近になって「保護猫」が何かのブームのようになっていることに、違和感がある人もいるよう。猫の里親を探す機関は、行政の愛護センターや愛護団体のみならず、保護猫カフェなどもあります。

*ノラ猫の親子*

# ボス猫

ここ一帯はおいらのシマだぜぃ
と言いたそうな迫力デス

　単独行動の猫ですが、外で暮らす猫が一定数いて食べ物の量が決まっている環境では、自然とボス猫が生まれます。ある意味、地域のリーダーで、縄張り内を頻繁にパトロールします。ボス猫に君臨するのは、ケンカが強く、体が大きく、未去勢のオス猫。未去勢だとエラが張って顔が大きくなるので、貫禄充分というわけです。

*ノラ猫*

60

表札にだってス〜リス〜リ
おいらの縄張りですゾ〜

ガリガリガリガリ
爪とぎしてますが、何か？

てんてんちゃん

きなこ&しらたまちゃん

ほ

ま

# マーキング

縄張りで生きる猫の、「においつけ」のこと。自分のにおいをあちこちにつけて、縄張りを主張しているのです。そうすることで、安心もしています。家具や柱、人の足にスリスリしたり、帰宅した飼い主さんの荷物にスリスリしたり。指の間の臭腺からにおいが出るので、爪とぎもマーキングの一種といえます。

恍惚〜　このおもちゃが
なぜか大好きにゃのよ〜

# マタタビ

「猫にマタタビ」といわれるように、確かに多くの猫が、落葉つる性植物のマタタビに反応します。成分内の物質のネペタラクトールが猫の脳を刺激し、興奮状態にさせることは知られていましたが、同時に、猫の脳内には幸せホルモンの分泌が促されることも、最近の研究で判明。さらに2023年の研究結果では、依存性もなく、猫への安全性が高いことも証明されました。マタタビ入りおもちゃが人気なのも納得ですね。

もなかちゃん

ドッキリ！
す、すみません
何かしたでしょうか（by 飼い主）

じ～～～っ

コロンちゃん

## 目線

　背後に気配を感じたら、猫がじっと見つめていた、なんてことよくありますよね。猫同士では、目と目を合わせるのはケンカに発展することもあるのでNG行為。でも、人と暮らすようになった飼い猫は、飼い主さんに自分の想いを伝えるためによく目線を合わせてくるのです。たいていは、おねだりの意味のようなので、可能なら応えてあげたいですね。

チラッチラッチラッ
「私を忘れるな」光線
出してます

## やきもち

　飼い主さんなら、「あるある」と共感してくれそうですが、猫もやきもちを焼きます。共に暮らす飼い主さんは、猫にとっては母猫や仲間のような存在。なので、飼い主さんが何かに夢中になったりしていると、「こっちを見て」とばかりに猫は行動に出るのです。具体的には、噛んだり、鳴いたり、粗相したり。やきもちを焼く猫は可愛いものですが、エスカレートしないよう気をつけたいですね。

ちーすけちゃん

これネヨガのお手本!
ザ・猫のポーズ

しおちゃん

## ヨガポーズ

　ヨガには、「猫のポーズ」という形があります。それは、猫の伸びを模した形だから。四つん這いになって、呼吸に合わせて背中を丸めたあと反らすポーズが一般的で、その他、猫が両前足を大きく前方に伸ばして、お尻を上げる「伸び」のポーズも。猫は体が柔らかいので、これらのポーズも、おちゃのこさいさいみたいですよ。

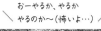

おーやるか、やるか
やるのか〜(怖いよ…)

# 横向き歩き

　顔の向きは正面なのに、体を横にして不自然な動きをする歩き方のこと。いわゆる「欽ちゃん走り」みたいなもので、子猫の時によく見られます。他の猫などを威嚇する歩き方で、本心は怖いけれど緊張のあまり筋肉が収縮し、このような体勢に。この時は全身の毛が逆立ち、しっぽも膨らんでいることが多いです。

ノラ猫

ミューちゃん

## 留守番

　共働きで猫を飼っている人なら想像に難くないかもしれませんが、日中寝ていることが多く、習性として単独生活が染みついている猫は、留守番が苦ではないよう。ただし、それも1泊2日まで。飼い主さんが2日以上留守にする場合は、食事やトイレなどのお世話を考えておきたいもの。猫は環境の変化を嫌うので、できるなら生活環境を変えずにお世話できる方法を選ぶといいでしょう。

う、やべぇ
帰ってきちゃった!

飼い主さん、まだかにゃ〜
もうそろそろかにゃぁ〜

うめ&ゆずちゃん

63

# 春のこねこ祭り

生まれたての「ふわふわ」から、好奇心いっぱいに
動いて育っていくコまで。ラブリーな子猫たちが大集合！

welcome to
this world!

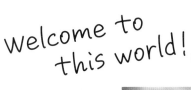

mya～
あいすちゃん

あんこちゃん

ぶんちゃん

いちえちゃん

あめさぶろうちゃん

こねこズ

munya
munya

ちゃちゃちゃん

さくらちゃん

トトちゃん

ジョジョ&
ピーナッツバターちゃん

ほたるちゃん

モクちゃん

ラムちゃん

むぎちゃん

ルアちゃん

what?

ここちゃん

かいちゃん

豆太郎ちゃん

64

おはぎちゃん

風丸&茶々丸&倭文&勇魚&ちびちゃん

信長ちゃん

ゼンちゃん

クルミちゃん

シンジ&カヲル&
レイちゃん

ボビン・スーちゃん

ももすけちゃん

銀ちゃん

なずなちゃん

アメちゃん

くー&ぐーちゃん

Hyoko

ごまちゃん

くるみちゃん

ランナちゃん

テテちゃん

杏ちゃん

アポロちゃん

ちゃくらちゃん

美日ちゃん

チャイ&
サラちゃん

Full of curiosity!!

65

Goronyan

オコジョちゃん

きりみ＆さしみちゃん

ちゃたちゃん

きなこちゃん

レオンちゃん

ほにり＆ほのぼの＆
ほっぴり＆まうたちゃん

ヴィヴィアンちゃん

ホイップ＆ナッツ＆マロンちゃん

ティオちゃん

suya suya..

So sleepy‥‥

茶っちゃちゃん

ふくすけちゃん

ルーナちゃん

市ちゃん

アッサムちゃん

みーたんちゃん

こむぎちゃん

z‥z‥z‥

あずきちゃん

ひのちゃん

のぶにゃがちゃん

ルル＆ララちゃん

# 第 2 章

## からだ
## 猫種 編

うちの猫の毛柄って何だろう？
なぜ不思議な場所にひげが？
多彩な猫の品種や、ベールに
包まれた体の仕組みについて
関連する言葉を紹介します。

目を一周する
黒いアイライン、素敵★

ぺろちゃん

# アイライン

　猫に魅了されてしまう理由のひとつが、その強い印象的な瞳でしょう。瞳が強調されているのは、目の周囲に縁どりがあるから。人が目力を上げるためにお化粧で入れるアイラインが、猫には生まれつき備わっているというわけ。とくにトラ柄の濃い毛色の猫は、ハッキリとしたアイラインが見られます。なんとも羨ましい限りですね。

# アグーティタビー

　一見すると、縞模様ではないようだけれど、一本一本には細かい縞が入って、全体的にはごま塩柄のように見える毛色。アビシニアンやソマリ、シンガプーラなどがこの毛柄の代表的な猫種です。アグーティタビーの遺伝子はとても強いのが特徴でもあります。

口周りは白っぽくて
しっぽの先は黒っぽいよ！

いちごちゃん

顔が小さいからか
耳が大きいのも目立ちますの〜

ノアちゃん

# アビシニアン

　日本でも人気の高い純血種のアビシニアン。原産国がエチオピアで、いかにも野性的な印象です。体は小柄ながら筋肉質で、運動神経も抜群。好奇心旺盛な猫が多い傾向にあります。一方で、人は好きだけれど、他の猫はあんまり…という孤高な一面も。瞳の色は、ゴールド、グリーン、ヘーゼル、カッパーなど。目の周りを縁どるアイラインも濃いめです。鈴の音のようにコロコロと愛らしく鳴くのも特徴です。

耳がくるん

サリーちゃんのパパじゃないよ。
変わった耳って言わないでねっ

# アメリカンカール

1980年代に偶然見つかった、比較的新しい猫種。耳が外側にくるんとめくれているのが特徴です。短毛と長毛がいて、活発で遊び好き。カールした耳は、子猫の時には真っすぐで、成長するにしたがってめくれていきます。総じて人懐こく、飼いやすいといわれます。

# アメリカンショートヘア

同じシルバータビーでも
瞳の色が違うのです！

純血種のなかでも、飼育頭数が多く昔から人気の猫種です。体つきはたくましく大柄な猫が多く、運動能力も高くて「ネズミ捕りの名手」といわれています。アメリカンショートヘアといえば、うずまき模様のクラシックタビー柄が有名ですが、黒や白の1色や3色の縞模様など、毛色のバリエーションも豊富。

コチョ&マロンちゃん

## アンダーコート

猫の毛は、大きく分けてシングルコートと、ダブルコートがあります。ダブルコートは文字通り、上毛と下毛の2種類があり、下毛のことをアンダーコートといいます。保温や断熱効果が高いといわれるアンダーコートは、上毛と比べて柔らかいのが特徴。換毛期は、このアンダーコートが抜けやすくなります。

ココ

耳毛もおひげも
立派でござんす

かぼす&すだちちゃん

## イヤータフト

いわば、耳毛。耳の穴の中から外に向かって生えています。英語表記の「ear tuft」のタフトは房の意味。まさしく房のような束になっているのが特徴です。長毛猫によく見られ、とくに寒い地方出身の猫のほうが長いようです。

## ウィスカーパッド

猫の口元のひげが生えている近辺のことをいいます。通称、「ひげ袋」。猫のひげは感覚毛で、根元にはしっかり神経が通っているので、支える土台には厚みが必要となります。猫が興奮すると、ひげがぐっと前を向きますが、その時ウィスカーパッドもぷっくら膨らみます。そんなぷくぷくとした形が可愛いと、マズルと合わせて「ひげ袋」の愛好家も多いようですよ。

まるで葡萄。
ぷっくりのひげ袋
触りたい？

ココ

銀時ちゃん

立派な松の木と薄三毛。
風流やにゃ〜〜

# 薄三毛
うすみけ

三毛猫といえば、白と黒とオレンジの3色で知られる、どこか和風なイメージの毛柄です。じつは三毛猫には縞三毛など、いくつか柄の種類があり、薄三毛もその一種。毛色を薄くする遺伝子の働きにより、黒色がグレーに、オレンジ色がクリームになり、全体的に薄いカラーになります。「ダイリュート・キャリコ」「パステル三毛」などとも呼ばれます。

チビちゃん

あ

い

う

え

# エキゾチック
# ショートヘア

ペルシャとアメリカンショートヘアの掛け合わせでできた猫です。大きな丸い目とペチャ鼻が特徴で、ペルシャの血筋がよく現れています。短毛でコロコロした印象がユニークな漫画のキャラクターのようで、年々人気が高まっています。人懐こくておとなしいからか、飼いやすいともいわれます。

この柄、ワイルドだろ〜

ムスッとしてるわけじゃないよ
こういう顔なんです

とらのすけちゃん

# エジプシャンマウ

その名の通り、原産国がエジプトの猫種です。体のスポット模様などワイルドなイメージが特徴。イメージのみならず、身体能力も高く、引き締まった体や発達した筋肉がまるで彫刻のよう。古代エジプトの壁画に描かれていたとの逸話もある、歴史的に名高い猫です。遊び好きで賢く、人好きな面もあり、日本でも人気の猫種です。

## M字マーク

縞模様（タビー柄）の猫の顔をよく見ると、あら不思議、眉間にアルファベットのMの字が浮かんでいます。とくに縞柄が強いアメリカンショートヘアに多く見られる傾向があるよう。なぜこのようなマークが現れるのか、よくわかっていませんが、猫の祖先といわれるリビアヤマネコにもM字マークがあるといわれるので、縞柄における遺伝の一種なのでしょう。

さすけちゃん

／ M字マーク
茶色バージョン♪ ＼

ちょっぴり変形
M字マーク!?

うりちゃん

我ら双子？…
の見分け方は
胸のエンジェルマーク！

カルロ&ミントちゃん

ココ

## エンジェルマーク

黒猫の胸やお腹にほんの少しだけ白い毛が生えていることがあります。これをエンジェルマークといい、「天使が触れた」という言い伝えからのネーミングのようです。中世ヨーロッパでは、黒猫は悪魔の使いとみなされ迫害に遭っていましたが、このエンジェルマークがある猫は、迫害から逃れられたともいわれます。

## オーバーコート

猫の被毛は、ダブルコートとシングルコートがあり、ダブルコートは上毛と下毛からなり、この上毛のことをオーバーコートといいます。密度が高い下毛とは異なり、太く硬めの毛で、光や水から皮膚を保護する役割があります。

# オッドアイ

キラ～ン★
吸い込まれそうな
ブルーの瞳

　左右の目の色が違うことをオッドアイといいます。英語のオッドは、「片方の」などという意味。とくに白い毛色をもつ猫にオッドアイが多くみられ、たいていは青色とゴールドか青色とカッパーのよう。オッドアイの白猫は、青い目の側に聴覚の異常が出るともいわれますが、理由はよくわかっていません。見た目が美しいオッドアイは、タイでは「ダイヤモンドの瞳」といわれ重宝されています。

ゴンチちゃん

このお腹に
思い切り顔を
うずめたいにゃ～～！

# お腹

　猫にとって、お腹は急所です。なので、たいていお腹を守っている体勢でいることが多いです。つまり、お腹を見せている時は、リラックスしていることの表れ。甘えたい時などに、お腹を見せることもよくあります。かといって、なでると嫌がることも。そこは急所たる所以、扱いには充分気をつけましょう。

小太郎ちゃん

# 尾曲がり

（お　ま）

　真っすぐではなく、先が曲がっていたり、丸まっていたりするしっぽのことを尾曲がりといいます。とくに長崎県に多く、それは、その昔長崎が貿易の拠点だったため、外国から尾曲がりの猫が紛れ込んで居ついたとの説が有力です。

シャープ！ シャープ！
スリムな肢体に首ったけ♡

## オリエンタル

1950年代のイギリスで、シャム猫との交配で生まれた猫種。ショートヘアとロングヘアがいて、特徴はシャム猫を引き継いでいます。逆三角形の顔、細くて四肢が長く、筋肉質など。シャム猫と同様に、人懐こくて甘えん坊、社交的な性格といわれます。

株尾

カギしっぽ

まるで寝相アート？
ほうきに乗った
猫の妖精や〜〜〜

ビビちゃん＆
お友達

## カギしっぽ

しっぽの先が曲がっていて、鉤のような形をカギしっぽといいます。遺伝による先天的なものと、事故などで曲がってしまった後天的なものがあります。このカギしっぽ、日本では古くから財産を守るといわれ、ヨーロッパでは幸運を引っかけるといわれ、ラッキーのシンボルとしてよく知られています。

## 株尾（かぶお）

ジャパニーズボブテイルで知られる「ボブテイル」が、短い尾という意味。このようにポンポン状のしっぽのことを株尾といいます。この株尾は日本以外では珍しいようで、ジャパニーズボブテイルの三毛猫は、とくにポンポン状のしっぽが可愛いと、欧米などの外国でとても人気があるようです。

## 感覚毛
（かん　かく　もう）

　いわゆるひげのこと。猫にとってひげは単なる毛ではなく、周囲の状況を読みとるセンサーのようなもの。ひげの根元には神経が通っていて、それを通じて脳へ情報が伝わる仕組みになっています。なので、決してひげを抜いたりカットしたりしてはならないのです。

← ひげ
← ひげ

白慢の立派なひげ
見てちょーだい！

レアちゃん

お

か

き

## キジ白

　キジトラに白が入った毛柄。キジトラ白ともいう。顔やお腹、足先などに白い毛が見られることが多い。

安定の人気毛柄
キジ白でごわす！

こっち

茶々＆ぐうちゃん

## キジトラ

　濃い茶色に縞が入った毛柄の猫。猫の祖先といわれるリビアヤマネコにいちばん近い柄といわれます。英語表記では、「ブラックマッカレルタビー」「ブラウンマッカレルタビー」といわれます。マッカレルとは、魚のサバの意味。野生では保護色として目立たない柄で、祖先の柄に近いからか、野性味が強いことが特徴。警戒心が強い猫が多いともいわれます。

目と鼻の縁どり
濃い縞柄
野性味たっぷり！

アイルちゃん

ピオーネちゃん

## キトンキャップ

　白猫の子猫限定で現れる、頭の柄のこと。子猫が小さな帽子をかぶっているような姿から、通称キトンキャップと呼ばれます。期間限定で現れ、成長するにつれ柄は自然と消えます。この現象はゴーストマーキングともいわれます。

言っとくけど
染めてないからね

キラリン★
ワガハイワ
ウチュウネコデワ
ナイノデアル

こえびちゃん

## キトンブルー

　子猫の瞳って、少し濁りつつも美しい青色のことがありますよね。「うちの猫、ブルーアイズだ〜」なんて思っていたら、いつの間にか色が変化してしまい…。これはキトンブルーといって、まだ虹彩にメラニン色素が沈着していないため、青みがかって見える現象。3カ月齢くらいまでの子猫期だけに見られます。

# 筋肉

　突然、床から箪笥の上に飛び乗るなど、猫のジャンプ力に驚かされるのは、飼い主あるあるですよね。この猫の驚異的なジャンプ力は、発達した筋肉のおかげ。とくに猫は、瞬発力に優れた「白筋」という筋肉の割合が多いのが特徴といわれます。まるでアスリートのような筋力を誇る猫ですが、逆に、持久力は高くないといわれます。

この後ろ足の筋力のおかげで綱引きなら負けなしでぃ！

たけるちゃん

# 首の後ろ

　母猫は、迫りくる危険を察知した場合や、より食料のある新天地を求めて家族ごと移動が必要になった際に、子猫の首の後ろを噛んで、1匹ずつくわえて運び出します。子猫時代のその名残からか、猫は首の後ろを摑むとおとなしくなって、されるがままの体勢になるのです。

「雀百まで踊り忘れず」ってか？
首の後ろが弱点にゃの

ココらへん

だんご＆みかんちゃん

77

## クラシックタビー

　縞模様の毛柄のなかでも、アメリカンショートヘアに代表される、渦巻状の縞模様のこと。横から見ると、グルグル巻きになった「ターゲットマーク」が見られるのが特徴。アメリカンショートヘアをはじめ、マンチカンやノルウェージャンフォレストキャットなどの洋猫によく見られる毛柄です。

ターゲットマーク

ララちゃん

ね、ね、きれいな渦巻模様わかるでしょ？

## グレー

　毛色を決める遺伝子の関係で、グレーの毛色は珍しいといわれます。ブルーと表現されることが多く、ロシアンブルーやシャルトリュー、ブリティッシュショートヘアの毛色が代表的です。艶やかな毛色が高貴な印象で、グレー1色の雑種は珍しく、洋猫が多いとされます。

れなちゃん

どこか寝姿も上品でございます

# クレオパトラライン

クレオパトラライン

トラ柄（縞模様）の猫の顔に見られる模様のこと。目尻から頬にかけて伸びる2本のラインを俗にクレオパトララインといいます。想像に難くないと思いますが、世界三大美女といわれるエジプトの女王だった、クレオパトラの独特なアイメイクが由来のようです。

春樹ちゃん

可愛い顔して、
別名「蟻塚のトラ」！

# クロアシネコ

ネコ科動物のなかで最も小さいのが、このクロアシネコ。足の裏が黒いことから、「black‐footed cat」といわれます。成長しても、子猫くらいの大きさで、アフリカ南部の乾燥地帯に生息しています。可愛い外見に似合わず、獰猛（どうもう）なようで、絶滅危惧種にも指定されています。

なかなかアバンギャルドな
髪型がオシャレにゃん！

# 黒白

2色の毛色で構成される「バイカラー」のなかでもよく見かけるのが、黒×白。この毛柄は、お腹側が白くなる傾向が多く、肉球や鼻先がピンク色、またはピンク色にブチが入る傾向が。黒い毛が両目の周りを覆い、きれいな八の字を書いたように見える「ハチワレ」や、カツラをかぶったような柄など、黒と白の出方がユニークなパターンが多く見られます。

じろうちゃん

ジジちゃん

神秘的に見えて
意外と人懐こいニャッ♪

## 黒猫

　全身真っ黒な毛色で、鼻や肉球も黒いことが多いです。目の色はカッパーやグリーン系統で、ひげも黒。見事に真っ黒な体から、中世のヨーロッパでは魔女の使いとして迫害された悲しい歴史も。逆に日本では昔から幸運を呼ぶ猫といわれます。フレンドリーで飼いやすいことも特徴のひとつ。

## 血統書

　純血種の猫を証明する文書。この血統書がないと、純血種であることが証明されず、キャットショーなどには出ることができません。また、発行する団体もいくつかあり、信用度の高い基準は、4代に遡る祖先まで記載されているものです。

## 毛艶
（け　つや）

　猫の被毛の状態をいいます。猫の毛は、柔らかくて触るとしっとりとして気持ちいいものですよね。ところが、栄養不足や、自身で毛づくろいができなくなると、毛艶が悪くなることが。シニア猫の毛が割れたりバサバサしていたりするのは、そのため。健康のバロメーターでもあるのです。

猫の魅力は
ツヤツヤなヘアもね★

アランちゃん

口開けてると
野獣感強め〜

## 犬歯 (けん し)

いわゆる牙ですね。猫の口の中に、上下に2本ずつ、4本生えているのが犬歯です。猫なのに「犬」歯、というわけです。先が尖った鋭い歯で、獲物に嚙みついて、とどめを刺す役割があります。嚙まれると、場合によっては皮膚に穴があくので、充分気をつけましょう。

マロンちゃん

## コーム

コーミングも
好き嫌いがあるにゃ

柔らかい猫の毛には、ブラッシングの際、コーム（櫛）があるといいでしょう。目の細かいコームで、被毛全体の汚れを落としてから、獣毛ブラシやラバーブラシでブラッシングを。とくに長毛猫は、毛が絡んでいる箇所がありがちなので、やさしくコーミングを。

ハッちゃん

## 骨格

猫の体がとても柔らかく、驚くほどさまざまな動きができるのは、その骨格ゆえ。体が小さいのに、人より骨の数が多く、約250個（人は206）の骨でできているといわれます。骨をつなぐ関節も多く、その関節も人よりゆるくて柔軟性が高くなっています。

## コラット

ロシアンブルーに似た外見の、被毛がシルバーグリーンの猫。顔の形がハート型のため、「幸運を呼ぶ猫」といわれます。原産国はタイで、南国の猫ならではの細身でよく締まった体型が特徴です。作家の向田邦子がタイ旅行の際、コラットに魅了されて、のちに愛猫にした話がよく知られています。

タイでの呼び名は
「シ・サワット」

81

子猫だって、
こんなにモフモフよん♪

## サイベリアン

　原産国ロシアが誇る、長毛のモフモフ猫。歴代のロシア大統領に愛されたといいます。日本でもロシアから秋田県知事に贈られたことで、有名になりました。極寒のシベリアで生きてきただけあって、毛はトリプルコートで寒さから身を守っています。賢くてフレンドリーなところも人気の理由です。

## 差し毛

　単色の毛色の猫に、ポツリと違う色の毛が生えていること。黒猫に多いですが、突如、白い毛があって、もしや「白髪？」なんて思いそうですが、これはエンジェルマークとも呼ばれ、「神様が触れた」「幸運のしるし」ともいわれて、ラッキーとされているようですよ。

そっくりな3匹は
差し毛で判別！

↑
コレ

シマ＆サンボ＆クロちゃん

お口の周りは
白いんにゃぞ～

くきおちゃん

## サバシロ

　サバトラ（次ページ上）に白色が入った毛柄のことをいいます。顔の下半分や、お腹、足が白くなることが多いよう。「サバトラ白」と呼ぶことも。白色の毛が多い場合を、「白サバ」と呼ぶこともあります。

# サバトラ

孤高の
サバトラって

シルバーの地色に黒の縞模様の毛柄。色合いが魚のサバに似ていることから、サバトラと呼ばれています。アメリカンショートヘアの柄にも似ていて、「シルバーマッカレルタビー」ともいわれます。キジトラから派生した毛柄と考えられ、キジトラ同様、警戒心が強い傾向の猫が多いようです。

---

ミケ&サビ
シスターズにゃっ♡

コッチ
↓

おぎん&おたまちゃん

# サビ猫

黒色とオレンジ色が混ざった毛柄。サビは、赤さびのようだから、そう呼ばれます。オレンジの部分に縞模様が入るパターンもあります。その模様から、「マーブル」「べっ甲」などとも呼ばれます。三毛猫同様、ほぼメスしかいないのが特徴。賢いことでよく知られます。

---

# サマーカット

暑い夏の時季などに、長毛猫の毛を短く切ることをサマーカットといいます。毛玉を防ぐ、肌の通気性がよくなるなど、メリットもありますが、猫によっては違和感から、過剰なグルーミングをすることも。合う合わないもあるようですから、トリミングサロンなどで相談して、プロに任せるといいでしょう。

うらしまたろう&乙姫ちゃん

ライオンみたいで
クールでしょ？

## 触られると喜ぶ部位

　猫とより仲よくなるためには、猫が喜ぶ部位を触ってあげましょう。基本的には、自分でなめられないところ、猫同士でグルーミングし合うところが、触られても比較的喜ぶ部位です。しっぽの付け根は、臭腺があって敏感な場所で、トントン叩くと喜ぶ猫もいます。

おでこ

ココなら触らせてあげてもよくってよ

背中

あご

しっぽの付け根

しろちゃん

紅葉をバックに
エレガントでしょ？

みいちゃん

## シールポイント

　体の先端の色が濃い猫のことを、ポイント柄といいます。シャムがよく知られていますが、なかでも顔や体の先のほうが黒色に近いものを、シールポイントといいます。ちなみに、シールとはアザラシの意味。その他、色によって「ライラックポイント」「ブルーポイント」などの呼び名もあります。

## 耳介
じかい

　猫の耳のよく動くひらひらした部分を耳介といいます。猫の耳元には、約30本もの筋肉がついており、それによって、耳介も自在に動かせるのです。少しでも気になる音がしたら、耳介を回転させたりして、音源を探ろうとします。耳介はいわば、パラボラアンテナの役割をしているのです。

さくらちゃん

大きい耳には
耳毛もあるでよ

ココ

さ

し

この小さな舌が
なんとも万能なのですニャッ！

ココ

みみちゃん

## 糸状乳頭
（し じょうにゅう とう）

　猫の舌の表面には、細かい突起が無
数にあります。これを、糸状乳頭とい
います。猫になめられるとザラザラし
て痛いのは、この突起物のせい。糸状
乳頭のおかげで、まるでブラシのよう
に、自身をきれいに毛づくろいできる
というわけ。ちなみに、ここでは特別
味覚は感じないようですよ。

## 舌

　猫の舌には、根元と先端に味を感じ
る細胞があります。基本的には、酸味、
苦味、辛味、甘味を感じるといわれて
います。前述のブラシのほか、器用に
水をすくいあげて飲むスプーンの役割
をしたり、獲物の肉をそぎ取るナイフ
の代わりをしたりと、猫の舌の役割は
多岐にわたります。

## しっぽ

　猫のしっぽをよく観察して
いると、その時々で動き方が
変わりますよね。そう、しっ
ぽは口ほどに物を言う、とい
われる所以で猫の気持ちはし
っぽに表れます。ゆっくり横
に動かす時は「安心」、ピン
と立てて近づくのは「甘え」、
など。しっぽで返事までする
のだから可愛いですね。

しっぽでX（エックス）！
息が合ってるね！

クロ&ルナちゃん

しっぽがピーンッ
ご機嫌なんですね

きなこちゃん

ポンポンしっぽが
チャームポイントなり

## ジャパニーズボブテイル

　ぱっと見、普通の日本の猫では？　と区別がつきにくいのですが、アメリカで繁殖された、立派な純血種。特徴はなんといってもポンポン状の短いしっぽで、名前の由来にもなっています。欧米で柴犬や秋田犬が人気のように、ジャパニーズボブテイルも、飼いやすいと外国での人気が高いようです。

## シャム

　1960年代、シャム猫人気が高まった頃から、日本でたくさん姿を見かけることになり、現在では、シャムミックスも多いといわれます。細身のしなやかな体型に薄いブルーの瞳、先端に濃い色が入るオリエンタルな魅力が人々を虜にしました。外国では「サイアミーズ」と呼ばれます。

ワタクシ、
タイの王室出身よ★

フレンチ・エスプリ
感じるやろ？

## シャルトリュー

　原産国は、フランス。美しいブルー（グレー）の被毛と、カッパー（銅色）の瞳が特徴です。がっしりした体格で、大きく成長します。性格は賢く穏やかで、他の猫とも仲よくなりやすい傾向があります。ロシアンブルーとコラットと合わせて、3大人気ブルーキャットといわれています。

し

## 臭腺
しゅう せん

　臭腺とは、動物の体に備わっている、フェロモンなどの分泌液を出す部位のこと。猫同士ではそのにおいがわかっても、人にはわかりません（肛門以外）。猫は臭腺から出るにおいを各所につけて、マーキングしているのです。

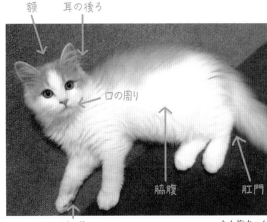

アタシたちの
シークレットスポットよ

額　　耳の後ろ

口の周り

脇腹　　　肛門

肉球

たん塩ちゃん

## 手根球
しゅ こん きゅう

　猫の前足についた肉球のうち、人でいう掌（てのひら）あたりから少し離れたところにある、大きめの豆のような肉球のこと。その役割自体は諸説あるようですが、手根球の近くに、太くて長めの触毛が2本ほど生えていて、それが足元の障害物との距離を測るのに役立っているといわれます。

ココ

ココ

少し尖りめに
ついているのも特徴にゃ

ハルクちゃん

## 瞬膜
しゅん まく

　猫の目をよく見ると、目頭に白い膜が見える時があります。これを瞬膜といい、「第三の瞼（まぶた）」ともいわれます。瞼を閉じている時は、この瞬膜が全体を覆って眼球を守っているのです。寝起きなどに、瞬膜が少し出ることもありますが、出っ放しになると不調も考えられるので、一度受診を。

とらえもんちゃん

瞼が三つもあるなんて、
さすが猫ざます！

ココ

ワシ、
ド近眼なんすよ

レイルちゃん

# 視力

　猫は、動くものを見極める動体視力は素晴らしいのですが、人の感覚でいうと、視力はよくありません。0.04〜0.3ほどといわれるので、近視が強い人と同じくらいと思ってもいいでしょう。猫の瞳といえば、大きくて丸いのが特徴。丸い眼球は光を集めるのは得意でも、近くのものに焦点を合わせるのは苦手なようです。

# 白猫

白って、野生では
ピカイチ目立っちゃうの

　何から何まで真っ白、全身、純白。それが白猫です。目の色は、両目とも青、両目とも黄色系が一般的で、左右の目の色が違うオッドアイも他の猫よりは多い傾向が。鼻や肉球はまっピンクで、毛が白いだけにピンク色が目立ってキュート。メラニン色素がないため、紫外線に弱いので充分注意を。

カブちゃん

体は軽量系だけど
ハートはビッグにゃっ！

@Sakura Ishihara

# シンガプーラ

　シンガポールが原産国の、とにかく小さな猫種。世に出回っている猫種のなかでも、いちばん小さいといわれています。毛柄はアビシニアンと同様のアグーティタビーで、体の細さと大きな瞳はまるで子ザルのよう。おとなしいともいわれますが、飼い主さんにはよくなつきます。

キュートな顔立ちも
魅力のひとつ

阿南ちゃん

# スコティッシュフォールド

イギリスが原産国の、耳が折れている猫種。顔も目も丸くて、愛らしい姿から、日本でも人気です。ただ、突然変異であった折れ耳を保つように交配させてきたので、健康上の問題も指摘されています。なかには、立ち耳のスコティッシュもいます。

愛嬌があって
犬とも仲よし♪

じゅん&はっちゃん

# スタッドテイル

しっぽの付け根が、ベタベタして毛が固まってしまうこと。しっぽの付け根は分泌液が出る部位で、これが過剰に出ている状態であり「尾腺炎」ともいいます。去勢していないオスの猫や、長毛猫に見られがちです。清潔を保ってあげて、皮膚に異常が見られたら受診を。

# スピンライン

トラ柄の猫の、背中をよく見てみてください。背骨に沿って1本、太いラインがはっきり見えませんか？　それをスピンラインといいます。キジトラや茶トラ、サバトラ、アメリカンショートヘアなど、縞模様の猫に見られる現象です。なんか、かっこいいですよね！

# スナドリネコ

猫は、基本的に水が苦手で泳ぐなんてもってのほか、といわれますが、ネコ科動物で、泳ぎの得意なネコがいます。それはスナドリネコ。ヤマネコの仲間で、魚を捕獲するのが得意で、「漁り猫」とも表記されます。前足には水かきもあるそう。

東南アジアに生息。
意外と獰猛らしい

このライン→

「ライン」の多さなら
負けなくてよっ！

あんずちゃん

ルッキズム、反対！
見た目で判断しないでね

## スフィンクス

　え、宇宙人？　いえいえ立派な猫です。全身、うぶ毛だけで「無毛猫」とも呼ばれるスフィンクス。スリムで逆三角形の顔、大きな耳が特徴です。毛で覆われていないので、暑さや寒さに弱く、皮膚もデリケート。日々のお手入れが必須です。原産国はカナダで、見た目よりずっとフレンドリーです。

@Sakura Ishihara

## 成猫

　人の成人と同様、猫が成長して子猫から大人猫になった状態をいい、「せいびょう」と読みます。猫は生まれてから12カ月で、成猫になります。猫の1才が人の20才くらいに相当するわけです。3〜5才くらいまでが繁殖能力が高く、年齢が二桁になると、シニア猫期になります。

## 切歯
せっ　し

　必然的に犬歯が目立つ猫の歯。その犬歯の間に生えている、ごく小さな歯を切歯といいます。上下12本で（猫の歯全体は30本）、野生では主に、肉をすりつぶしたりする役割をしていたようです。毛づくろい時には、コームの代わりにもなっているようですよ。

花の命は…
猫生、あっという間です

くろちゃん

ココ

切歯は「小さな巨人」
にゃにょですぞ

テイルちゃん

## ソックス

その呼ばれ方の通り、まるで靴下をはいているような猫のことをソックス、またはソックス猫といいます。これは、白い毛色が入る猫に見られ、部分的に白い毛色をつくる遺伝子、スポット遺伝子のなせるわざ。足首だけのものから、ハイソックスみたいなものまで、何とも面白いですね。

左右、同じ長さがよかったんすけど…

す

せ

そ

鏡に映った
アンクル丈が
おしゃれでしょ

うたちゃん

TABIちゃん

## ソマリ

アビシニアンの長毛種がソマリです。アビシニアン同様、毛柄はアグーティタビーで、ゴージャスな毛色が特徴。体は筋肉質で、運動能力も高いワイルドかつ、品のある猫種です。アビシニアン同様、人好きで好奇心旺盛、あわせて長毛猫がもつ穏やかさも兼ね備えています。

ボブちゃん

出身はソマリアじゃないよカナダだよ

瞳を縁どる
黒いアイラインが魅惑的！

クレオちゃん

91

毎日、
正装しているみたいにゃ

ひじきちゃん

## タキシード柄

　黒色×白色の毛柄の猫は、色の配分によって、面白い柄がたくさん！　ハチワレ、ソックスなどが知られますが、白い毛色を作るスポット遺伝子が少なめに入る「ミテッド」というタイプは、まるでタキシードを着ているみたいな姿になることが。お腹と足先だけ白くなり、エレガントですね。

## たぬきしっぽ

　猫が興奮したり、怒ったり、驚いたり。そんな時、しっぽがボワッと膨らんで、たぬきのようなしっぽに。これは交感神経の働きでアドレナリンが分泌され、体表にある立毛筋が収縮して、全身の毛を逆立てるから。猫にとっては反射的な行動なのです。

興奮スイッチが入って
しっぽがボワボワッ！

ボワッ

ウリちゃん

## ダブルコート

　猫の被毛は、上毛（オーバーコート）と下毛（アンダーコート）からなり、これをダブルコートといいます。猫はダブルコートが主流で、換毛期には、下毛が抜けます。なかには、下毛がなく、抜け毛が少ないシングルコートの猫（シンガプーラなど）もいます。

暗くたって
すべてお見通しニャッ

キラーン

## タペータム

　猫の網膜の裏には、反射板の役割をする
タペータムという組織があります。このタ
ペータムのおかげで、目に入ってきた光を
50％も増量できるといわれます。なので、
猫は薄闇でも物が見えるというわけ。また、
暗闇の中で猫の目が光って見えるのも、こ
のタペータムのためです。

めいちゃん

た

ち

## 短毛

　文字通り、被毛が短い猫のこと。日本で暮らす猫は
圧倒的に短毛猫のほうが多いようです。ブラッシング
のしやすさなどを考えると、飼いやすいといえるから
かもしれません。また、穏やかな長毛猫と比較すると、
活発でフレンドリーな猫が多いよう。

そうたちゃん

黄金の被毛をもつ
短毛代表、アビシニアン

毛がまだ薄い子猫は
乳首も見つけやすい

## 乳首の数

　猫のお腹には、2列になって、たいてい4つずつ8
つの乳首がついています。それより少なかったり多か
ったりする場合もあるようです。猫は一回の出産で4、
5匹子猫を産みますから、乳首の数も多いわけです。
子猫は、お気に入りの乳首を見つけて、競い合ってお
乳を飲んで成長するのです。

るかちゃん

欧米での呼び方は
ジンジャー♪

茶白

クリーム
タビー

桃&柚ちゃん

# 茶白
# 茶トラ

　オレンジの地色に、同色の濃い縞模様が入った毛柄が茶トラ。瞳はイエロー系で、鼻と肉球はピンク色。茶トラはオスが多いため、大柄な猫が多く、性格もおおらかで甘えん坊の傾向。茶トラに白い毛色が顔やお腹に入ると、茶白になり、白が多めの配分だと、白茶ともいわれます。

茶トラは「大物」が
多いんやで〜

茶トラ

ノラちゃんズ

お腹は白いのよね
白率が高いのよね

白茶

メル&こゆきちゃん

## 聴覚

　猫の聴覚は、人よりずっと優れています。聴きとれる最大周波数で比較すると、人は2万3千ヘルツに対し、猫は6万4千ヘルツ。野生時代、暗闇の中で小動物を探すのに、ごく小さな音を聴き分けていた行動から発達したといわれます。飼い主が帰宅する前に玄関で待っているのも、この並外れた聴覚があるからなんですね。

かすかな音でも
すぐ気づいちゃうから
落ち着かないにゃ

むぎちゃん&お友達

「たてがみ」が
立派でしょ

はなちゃん

ブラッシングのおかげで
毛もふさふさにゃん！

べべちゃん

## 長毛

ち

つ

　見ての通り、毛の長い猫。ペルシャやノルウェージャンフォレストキャット、ラグドールなどが代表格です。長毛は、毛が絡まって毛玉ができやすくなるので、日々のブラッシングが必須。長毛ほどではないけれど、胸など部分的に毛が長い猫を「セミロング」といいます。

ワタクシ
小型ネコ科動物よん

# ツシマヤマネコ

　長崎県対馬に生息するヤマネコで、国内希少野生動植物種に指定され、保護されています。約10万年前に、当時は陸続きだった大陸からやってきたといわれます。ベンガルヤマネコの亜種で、飼い猫と大きさはほぼ同じです。縞と斑点が混在している毛柄が、何ともワイルド！

@Sakura Ishihara

くりくりの毛、
じつは超柔らかいのニャッ

# デボンレックス

　原産国はイギリス。突然変異の縮れ毛から誕生した、ユニークな外見をもつ猫。逆三角形の小顔、大きな耳と大きな瞳、スリムな体型が妖精のようといわれます。そのくりくりした毛質から、「プードルキャット」とも呼ばれます。活発で賢く、飼いやすいと人気も高まっています。

瞳孔が開いているほうが
可愛いってまわれちゃう

（大）

にちゃん

まろんちゃん

（小）
明るい場所では
まるで1本線のよう

## 瞳孔（どうこう）

　猫の瞳孔（黒目）は、明るさによって大きく変わります。明るいところでは細く小さくなり、暗いところでは丸く大きくなります。これは、光をたくさん取り込むためで、瞳孔を大きくすることにより、暗いところでも物が見えやすくなります。また、興奮時にも瞳孔は大きくなります。

## 夏毛

猫には換毛期といって、毛が生え替わる時期があります。春（3月頃）は冬毛から夏毛に変わり、秋（11月頃）は、夏毛から冬毛に変わります。夏毛は、アンダーコートが抜けて、硬めのオーバーコートになり、通気性をよくして、体温調節に役立てているのです。

いくら夏毛でも
最近の暑さは
困りもの

セナちゃん

て

と

な

に

ね

ブチの模様が
入ったりもするよん

## 肉球

ぷにぷにした肉球がたまらないという、フェチも多いですよね。肉球は愛らしいだけでなく、いくつもの役割があります。音を立てずに歩いて獲物に忍び寄れる、高い場所から下りても衝撃を吸収できる、汗腺がある唯一の部位、臭腺によるにおいつけ、など。ただモノではない！

とらちゃん

## ネコ科動物

一般に、哺乳綱食肉目ネコ科に属する動物をいいます。代表的な種類は、ライオン、トラ、チーター、ヒョウ、ジャガー、ピューマなど。肉食動物で狩りをする、マタタビに酔う、毛づくろいするなど、猫と共通する部分も。でも、狩りの成功率は、ライオンより猫のほうが高いそうですよ！

ライオンの毛づくろいは
飼い猫と同じじゃ〜

肌身離さず、の
アクセサリーです♪

# ネックレス

　トラ柄は、縞模様なので、体のいろいろな部位にラインが入ります。首回りにはっきりとしたラインが出ることもあり、これをネックレスといいます。足にも見られ、前足に入るラインを「ブレスレット」と呼ぶことも。柄自体がおしゃれに見えるって素敵ですね♪

ととまるちゃん　　　　　　　ココ

# ノルウェージャン
# フォレストキャット

高貴でエレガントな
「森の猫」です

　その名の通り、原産国は北欧のノルウェーです。北欧の寒さに適して生きてきたので、被毛も厚く、寒さには強い猫です。反面、湿度の高い日本の暑さには弱いので、飼う場合は、暑さ対策をしっかりと。体は大きく、筋肉質ですが、何といっても顔が美形。一度飼うと、魅了される人が多いよう。

むさしちゃん

ココ

前足の裏側に
奇跡のハート柄！

2匹で作る
こちらも奇跡の♡柄！

# ハート柄

　黒色×白色の2色の猫は、ユニークな柄が多いことで知られます。体の一部がハートに見えたり、体の動きによって、重なる部分がハートに見えたり。ハート柄がある猫は、「ラッキーキャット」と呼ばれることもあり、自慢したくなりますね。

あらしちゃん

くるみ＆ふーがちゃん

子猫のうちは
まだ柄が濃くないのにゃ

## バーマン

　原産国はミャンマーで、その昔の国名ビルマが名の由来です。成長すると、顔の中心がポイントのように黒くなり、足先は白いアンクルソックスをはいたよう。瞳はサファイアブルーで、可愛い顔と共に、ミャンマーでは「聖なる猫」と呼ばれ愛されてきました。

ね

の

は

タトゥーじゃないよ
生まれつきの柄ね

## バタフライマーク

　アメリカンショートヘアに代表される毛柄、クラシックタビーには、独特な呼び名がついた模様が多くあります。ターゲットマークもそのひとつですが、肩のあたりには、バタフライマークも。蝶が羽を広げた形に見えることから、そう呼ばれています。

## ハチワレ

　黒色×白色の代表的な柄。黒い色が仮面のように入り、鼻筋から口元が白いので、八という漢数字に見えることから「ハチワレ」と呼ばれます。末広がりで縁起がよいと、好まれる柄です。トラ柄やポイントでもハチワレは見られるようですね。

キリリとした
瞳とマスクで
我はヒーロー!?

薄めのトラ柄も
立派なハチワレ！

すうちゃん

みるくちゃん

あんまり乾燥していたら
不調の場合もありますよ

トラトちゃん

## 鼻・鼻鏡

　猫の鼻はとても小さいですよね。銀杏のような形に、さらに小さい鼻の孔がついており。猫の鼻フェチもいるようですが、鼻の毛が生えていないピンク色や小豆色の部分を鼻鏡といいます。基本的には常に湿っていて、就寝中や寝起きには乾いていることも。

## ひげ柄

キング？
ミュージシャン？

フレディちゃん

　黒色×白色の猫に多いのですが、ユニークな柄が体だけでなく、顔にも入ることが見られます。こうした色がつくのは、メラニン色素のため。チョビひげ、あごひげ、ラウンドひげ、泥棒ひげ、などなど。印象的すぎて、思わずクスッと笑ってしまう柄ですね。

ルークちゃん

猫のひげは
決して切っては
なりません

→ ココ

ココ

## 眉上毛

　猫のひげは、一本一本根元に神経が通っていて、センサーのような役割をしています。猫の目の上に数本生えている少し太めの長いひげを、眉上毛といいます。このひげは、目や頭に及ぶ危険を察知して、守る役目をしているのです。

シューズを
履いてるみたいっしょ？

©Sakura Ishihara

# ヒマラヤン

　シャム（サイアミーズ）とペルシャ
を掛け合わせて生まれた猫種。原産国
はイギリスです。顔はペルシャ独特の
ペチャ鼻で、柄はポイント、ふさふさ
の毛並みはペルシャそのものです。人
懐こく、穏やかで、のんびりしたタイ
プが多いとされます。

鼻紋を押印
なんちゃって

くろふねちゃん

# 鼻紋（びもん）

　猫の小さい鼻（鼻鏡の部分）をよく
見ると、筋が入っているのがわかりま
す。これを鼻紋といい、生まれてから
成長しても変わらず、各個体すべて異
なります。いわば、人の指紋のような
ものが、鼻紋なのです。複数飼いの人
は比べてみるといいかもですね。

は

ひ

ふ

メインクーンは
房毛も立派！

ココ

# 房毛（ふさげ）

©Sakura Ishihara

　猫の耳（耳介）の先端に５mmほど
の短い毛が生えています。目立つ猫
と目立たない猫がいて、どちらかと
いうと長毛猫が目立つようです。こ
の房毛は、単なる飾り毛ではありま
せん。センサーのようになっていて、
超音波を集めているのです。

# 冬毛

　夏毛と同様、冬になると、猫の毛は変
化します。ダブルコートのうちのアンダ
ーコートが、密に生えてきます。それに
よって、保温機能が高まり、寒さを乗り
切ることができるのです。まるで太った
ように見えるくらい、見た目が変わる猫
も。長毛猫はとくにモフモフになります。

たてがみが、まるで
サンタクロース！

リボンちゃん

太っているわけじゃ
ないんだよ〜

ここらへん

はっさくちゃん

## プライモーディアル
## ポーチ

　猫のお腹の下のほうは少したるんでいます。「うちのコ、太っていて」と思いがちですが、じつはここ、猫ならではの独特な「袋」なのです。名前をプライモーディアルポーチ（primordial pouch）といい、意味は原始的な袋。お腹は急所なので、このぷよよんとした袋で守っているのです。

## ブリティッシュ
## ショートヘア

　名前の通り、原産国はイギリスです。古くから、ネズミ捕りの名手として社会の役に立っていたワーキングキャットでした。体格もよく、足も太くて、顔は丸い。瞳の色はカッパー系が多いようです。以前はブルーのみでしたが、今は他の毛柄もいます。

イタズラ大好き
元気いっぱい！

ガリレオ＆タルタルちゃん

まん丸おめめが
So Cute！

©Sakura Ishihara

蒼ちゃん

ネズミもびっくり
ゴージャス「フリル」

豆沙ちゃん

ふ

おしゃれなおうちに映える
「フリル」キャット♪

## フリル

　長毛猫でよく見られる、あご下から胸に向かって生えているふさふさした毛のこと。たてがみのような毛です。伸び過ぎると食べ物のカスがつくなどで汚れるので、トリミングする場合も。冬はとくに毛量が増えゴージャスになります。

ジキルとハイド？
いえいえ小悪魔にゃんこです

小梅ちゃん

じゃらじゃらブレスレット
見て見て♪

ココ　　　　　ココ

タビちゃん

## ブレイズ

　サビ猫は、稀に顔半分が黒色で残りの半分がオレンジ色といった模様になることが。これをブレイズ（blaze）といいます。鼻のラインを境にまったく色が異なるので、別サイドから見たら、まるで別の猫みたいですね。

## ブレスレット

　トラ柄、縞模様の猫には、数々のラインが入ります。なかでも前足の足首あたりに入るラインをブレスレットといいます。生まれながらにして、アクセサリーをつけているなんて、おしゃれな猫ですね！

＼見事なアイラインが印象的／

＼みんなに愛されるペルシャ様／

ぺーちゃん

## ペルシャ

高貴な猫としてよく知られるペルシャ。現在のイランが原産国です。ふわふわで流麗な被毛をもつ長毛猫で、そのわりに鼻ペチャ顔がアンバランスな可愛らしさを醸し出しています。最も古い純血種といわれるだけあって、被毛の色や柄が数多あります。日本では、チンチラシルバーや、チンチラゴールデンが人気のようです。

美しいスポット柄！

©Sakura Ishihara

＼ベンガル子猫3匹！／

ベンガルきょうだい

## ベンガル

ヒョウ柄の全身、筋肉質でしなやかな体型、純血種のなかでも「ワイルド」といえば、いちばんに名が挙がるのが、このベンガル。それもそのはず、野生のベンガルヤマネコとの交配によりアメリカで生まれました。活動量が多いので、飼い主は意識してたくさん遊んであげて。見た目よりも穏やかで人懐こい猫です。

# ポイント柄

鼻の周囲など顔の中心、耳、足やしっぽなどの先端が濃い毛色になる毛柄のこと。代表的な猫種にシャムやバーマン、ヒマラヤンがいます。色の濃くなる部分は、体の中でも冷えやすい場所なので、濃い毛色で陽光を集めて冷えを防止しているそう。冬になると先端の毛色はより濃くなるみたいですよ。

ブルーの瞳に吸い込まれそう

薄めのポイント柄

雨ちゃん

ベルちゃん

テコちゃん

# ポー

英語での表記は「paw」。カギ爪のある動物の足先という意味だそうです。人でいう手の部分の肉球が掌なら、手の甲の部分といってもいい、あの辺です。猫のポーは、もりっとしていて愛らしくて、まるでクリームパンのよう。ちなみに、肉球のことは、「paw pad」と表記されます。

まるでお饅頭？おいしそうなポー

思わず食いつきたくなるマズルやん♪

# マズル

猫の鼻や口、ひげの生えているところなど、口周りのことをいいます。猫以外の動物でも、「マズルを押さえて」と言われるので、言葉としては一般的ですが、猫のマズルはぷっくりしていることやイラストで描く時に猫の特徴となるので、猫好きにはたまらない部位でもあります。興奮するとより膨らみます。

虎鉄ちゃん

105

\ 胴は長く見えるだけにゃん /

\ 長毛もいます。ラブリー♪ /

ウリちゃん

## マンチカン

短い足とまん丸な顔で知られるマンチカン。突然変異でアメリカに生まれた短い足の猫が始まりで、1990年代に公認された比較的新しい猫種です。顔が美形で、短い足ゆえの愛らしい動きも人気の秘訣。人懐こくて飼いやすいと評判の洋猫です。

♪ いろんなミケちゃん ♪

みけちゃん

ジジちゃん

## 三毛猫

招き猫の柄でよく知られる、日本を代表する毛柄の三毛。黒×オレンジ×白の3色からなり、背中側に黒とオレンジが、お腹は白というパターンが多いです。遺伝的にほぼメスになる三毛猫は、体格も小さめ。非常にレアケースとしてオスが生まれることがあり、希少の意味からオスの三毛猫は幸運をもたらすといわれます。

モコちゃん

みーこちゃん

# ミヌエット

　ペルシャ系とマンチカンを交配して誕生したのが、このミヌエット。以前は「ナポレオン」と呼ばれていたそう。2015年から正式にミヌエットとなった、ごくごく新しい猫種です。マンチカンとペルシャ系の猫のいいとこどりのようで、とにかく顔が可愛らしいと、近年、人気が高まっています。

ペルシャ寄り？
毛が長めのミヌちゃん

©Sakura Ishihara

マンチカン寄り？
まん丸の可愛さ爆発！

ほたてちゃん

今はねー、リラックスしてるにゃん

うーちゃん

# 耳

　猫の耳は聴覚が優れているだけでなく、感情を表す器官でもあります。猫が両耳を横に倒している時は、恐怖や警戒の意味を示しています。ご機嫌がいい時は、耳は前を向き、さらに左右別々に動かしている時は、「興味あるよ」の意思表示になります。

# 味蕾
みらい

　舌にある、味覚を感じる器官のこと。人の味蕾の数が約9000に対して、猫は約780といわれます。つまり、人のような味覚はもっていません。味オンチというのは可哀想な気がしますが、味わって食べるというよりは、本能を満たす意味の食事のようですね。

せっかくの
フレンチトーストの
味わからへんねん

れなちゃん

107

オレンジと黒の
シマシマ♡

# ムギワラ

　黒色とオレンジ色の2色の組み合わせをサビ柄といいますが、そのなかでも、黒×オレンジの縞模様が全身に入っている毛柄をムギワラといいます。英語では、「ブラウンパッチドタビー」になります。サビ柄や三毛同様、ムギワラ柄も遺伝的にほぼメス猫しかいません。

コッチ
こめ&むぎちゃん

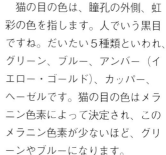

大きくてエレガント
長い房毛も、すごいっしょ

# メインクーン

　とにかく大柄な猫で知られます。純血種のなかで最大ともいわれ、体長がいちばん長い猫としてギネスに認定されたほど。原産国はアメリカで、名前の意味も、「メイン州のアライグマ」。美しい被毛をもつ長毛猫で、しっぽも立派です。穏やかで飼いやすいといわれています。

©Sakura Ishihara

アンバー
（イエロー・ゴールド）

グリーン

ここあちゃん

ドラミ&タロウちゃん

いろんな目の色、
集合♪

# 目の色

　猫の目の色は、瞳孔の外側、虹彩の色を指します。人でいう黒目ですね。だいたい5種類といわれ、グリーン、ブルー、アンバー（イエロー・ゴールド）、カッパー、ヘーゼルです。猫の目の色はメラニン色素によって決定され、このメラニン色素が少ないほど、グリーンやブルーになります。

カッパー

ブルー

コテツちゃん

# ヤコブソン器官

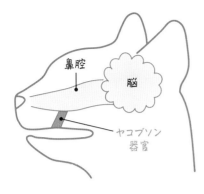

鼻腔
脳
ヤコブソン
器官

　同種の動物でしかわからないにおいにフェロモンがあります。猫はフェロモンを嗅ぎとったあと、変顔をします。これを「フレーメン反応」といいますが、この感じとっている部位がヤコブソン器官なのです。鋤鼻器（じょびき）ともいい、上あごの裏あたりに存在します。

# ラガマフィン

ラガマフィンの
子猫にゃん♪
　　　ネオちゃん

　被毛がシルクのようで、猫のテディベアといわれるほど、ふわふわの愛らしい長毛猫。下記のラグドールにペルシャ系の猫を掛け合わせて生まれました。1990年代に認定された、比較的新しい猫種です。その被毛の特徴からか、お手入れのしやすい長毛猫といわれます。

# ラグドール

　英語で「縫いぐるみ人形」の意味をもつ、人好きで抱っこも好きなタイプの、とても飼いやすい猫です。流麗な長毛、ふさふさしたしっぽ、サファイアブルーの瞳が本当の縫いぐるみのよう。柄はポイントですが、毛色は数種類あります。大型の猫で、被毛が生えそろうまで数年かかるといわれます。

ハート柄をもつ
端麗なラグドール！

ハート？

©Sakura Ishihara

109

# ラフ

英語では「rough」、もじゃもじゃな毛という意味をもちます。長毛猫の襟に、もふもふ生えている毛のこと。この襟毛、冬毛になるといっそうふわふわして、貫禄充分になります。

らっきーちゃん

寧々ちゃん

＼ 威厳あるある〜 ／

びー助ちゃん

＼ 逆毛立てて
抵抗中！ ／

# リビアヤマネコ

今、家庭で飼われている猫のルーツといわれるのが、リビアヤマネコです。遺伝子解析から、猫の祖先ということがわかっています。現在も西アジアから北アフリカの水の少ない乾燥地帯に生息。柄は、キジトラにそっくりで、だいたい5kgとされる体型も猫とほぼ同じ。野生のヤマネコらしさは、足が長く、耳が少し大きいくらいでしょうか。

# 立毛筋
りつ もう きん

猫の体表の浅いところには、立毛筋という筋肉が張り巡らされています。とても驚いたり、怖い目に遭ったりすると、交感神経が高まってアドレナリンが分泌されます。その際に、立毛筋が収縮して、毛を逆立てるのです。人の「鳥肌が立つ」と同じ仕組みといわれます。

＼ 猫の先輩！
クールやなぁ〜 ／

特殊な奥歯、
見えちゃってる？

## 裂肉歯（れつにくし）

　猫の歯は、犬歯、切歯、臼歯に分かれています。臼歯はいわば奥歯のことで、上あごの第3前臼歯と下あごの第1後臼歯は噛み合った時に鋭くなり、肉を切り裂けるのです。これを裂肉歯といいます。肉食動物の猫ならではですね。

あいちゃん

## ロシアンブルー

　スリムで優雅な猫の代表格がロシアンブルーです。顔が小さく、しなやかな体をもち、四肢も長く、エメラルドグリーンの輝きを放つ瞳。憧れの猫として名前が挙がる短毛猫です。ロシアが原産国で、被毛の色はグレーですが、欧米ではブルーとも表現されるため、この名に。静かに鳴くので、「ボイスレス・キャット」ともいわれます。人懐こいタイプではないですが、孤高だからこそ魅了される人も。

笑っているみたい
これぞロシアン・スマイル

ひなたちゃん

クールだけど
ワイルドな一面も

エルちゃん

## 和猫

　おおざっぱに言えば、日本の猫のこと。純血種（ジャパニーズボブテイルを除く）ではなく、雑種のことです。キジトラ、茶トラ、サバトラ、黒白、三毛、サビ、黒、白、毛柄はさまざまいますが、短毛猫が多いようです。

さすが、
畳がよくお似合い

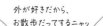

はなちゃん

外が好きだから、
お散歩だってするニャッ

リリ&トラちゃん

からだ・猫種編

ら

り

れ

ろ

わ

111

Mugyu〜

みたらしちゃん

Column
2

オールシーズンやってるよ！

# おとな猫祭りⅠ

「猫ってどこまでも自由だ！」と思える成猫たち。複数匹の楽しさ、季節を感じさせてくれる猫たちの写真集！

## cats are free-spirited!

てんちゃん

マロンちゃん

クッキーちゃん

らいちゃん

ぐれおちゃん

トラちゃん

ルーちゃん

マハロちゃん

シングちゃん

ハルちゃん

ウナギちゃん

リオンちゃん

かっくんちゃん

ちびちゃん

ゆきちゃん

Lovely ♡

ベルちゃん

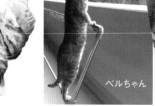

マロンちゃん

112

Smile

ちょぼ&ちゃすちゃん

ちゃ&もけちゃん

くろ&くー&しろちゃん

こてつ&あずきちゃん

ココ&ナッツちゃん

しび&うにちゃん

ひめ&まぐろちゃん

みかん&わかば&モカちゃん

ぷー&
ちーこちゃん

もずく&ていちゃん

ユズ&テンちゃん

マロン&レオン&
ロビン&ノアちゃん

Hyoko

ミロ&オレオ&ザックちゃん

オレオ&リッツちゃん

空&
色ちゃん

玄&
コスモちゃん

麦&もんちゃん

湊人&櫛奈ちゃん

功&しまちゃん

キタロー&
みーすけちゃん

It's fun to have friends!

113

Stellaちゃん

ちゃこちゃん

ユノ&ララちゃん

ソラちゃん

シンシンちゃん

月人ちゃん

テトちゃん

パールちゃん

Let's feel
the season!

ユキちゃん

クッキーちゃん

キキちゃん

みるくちゃん

ダリルちゃん

ガルシアちゃん

シュガーちゃん

シフォンちゃん

オスカーちゃん

ゴエモン。ちゃん

レオンちゃん

にゃんたちゃん

114

# 第3章

## 造語編

SNSで話題になる言葉って
猫にまつわるものが多いですよね？
猫好きって「言葉遊び」が
お好きなよう。そんなユニークな
言葉や、独特な造語を紹介します。

# ンモニャイト

　猫が限りなく円に近い状態で寝ている姿をいいます。ぐる
ぐる巻きの化石、アンモナイトを彷彿とさせることから、そ
れにかけてアンモニャイトと呼ぶように。ちなみにアンモナ
イトは貝ではなく、イカやタコなどの頭足類の仲間だとか。
この猫の姿は、寒い冬の時季に見られるもの。体温を逃さな
いように、丸くなって自らを温めているのです。

見事なまんまる！
ゲージュツ的♪

すずちゃん

116

# イ カ耳

　猫が耳を後ろに引いたり、耳介の部分を下に向けて水平に
したりしている状態を、イカ耳と呼びます。単純にイカのヒ
レに形が似ていることから、いつの頃からか、それが通称に
なりました。この時の猫の気持ちは、「ちょっと怖い」。物事
に警戒しているのです。なので、猫がイカ耳になっていたら、
あまりしつこくしないであげて。

安心してにゃいぞ～
の、～るしがイカ耳じゃ！

117

# エ アモミモミ

　モミモミとは、ふみふみともいう、猫が柔らかいものの上で交互に足踏みすること。甘え気分の時にする行動で、母猫のおっぱいをもんで出やすくして飲んでいた子猫時代の行動が由来です。毛布の上などですることが多いのですが、たまに柔らかいものが何もなくても宙に向けて両前足を動かすことがあり、これをエアモミモミと呼ぶわけです。

真剣な顔！

モミモミのスイッチが急に入ってしまったのにゃ

# 液 <u>体説</u>

　猫の、果てしないまでに柔らかい体は、「もしや液体では」と思われがち。体よりもずっと小さな入れ物に、まるで奇術師のように体を丸めて入っていく様はミラクル。2017年のイグノーベル物理学賞で「猫は固体かつ液体なのか？」との研究が受賞したことが話題に。容器に合わせて形を変えるのが液体の定義だとしたら、まさしく猫は「液体」ですね。

でも液体だったら
あふれちゃってる
パターンですよねっ

ムギちゃん

## エ ビフライ

　茶トラの猫が寝ている姿が「エビフライに見える」とSNSで話題になったのが発端。そこから茶トラの寝姿＝エビフライの写真がたくさん投稿されるようになったようです。色合い、微妙な体のくねり方、衣のようなふわふわ感が似て見えるポイントのよう。いろいろなものに擬態できる（？）猫って、見ていて飽きないですね！

揚げたて？
おいしそうって
言わないでニャー

# 看板猫

<small>かん　ばん　ねこ</small>

遥か昔は看板娘。今は看板猫！　その存在が客足を伸ばすことにもつながる、重要な役割をするワーキングキャット。旅館や宝くじ売り場、喫茶店など、有名になった猫たちも多数いますね。猫が、さまざまな人に慣れることで、動物病院もさほど苦でなくなるなど、猫にもメリットが。いわば、人と猫のwinwinな関係というわけです。

ウチら、美容室の看板キャット♪

オレオ&じゅあんちゃん

121

# ゴッチン

　猫がおでこを人や物、同居猫などにくっつけてくる様子を
いいます。その時のくっつけ方に勢いがあって、まるで「ゴ
ッチン」と音がしているようだから。SNSでは、「頭突き」
とも呼ばれています。猫のおでこ（額）には臭腺があって、
相手に自らのにおいをつけて安心しています。激しい動きに
見えて、ゴッチンは親愛を表現しているのですね。

ノラちゃんズ

ゴッチンは
スリスリと同じ
「私のもの」アピール！

# ご<ruby>めん寝<rt>ね</rt></ruby>

　　猫が座った状態のまま、床に頭を突っ伏して寝ている様子
が、まるで土下座をしているようだからと、いわれるように
なった言葉。もちろん、猫が謝っているわけではないことは
明白です。眩しい時によくする姿で、座っているぶん、警戒
心もある状態。一部では、「すまん<ruby>寝<rt>ね</rt></ruby>」「許して<ruby>寝<rt>ね</rt></ruby>」とも呼ばれ
ているようですよ。

じつは眠気を
我慢しているのニャッ

123

# サ イレントニャー

　猫が口を開けて、鳴いている表情をしているのに、鳴き声が聞こえない状態のことをいいます。でもこれ、猫は立派に鳴いており、その音が小さ過ぎたり、超音波だったりして、人には聞こえないだけなのです。子猫時代に、こうして猫同士でしか聞こえない声で母猫に鳴いていたことが由来。親愛の意味なので、気づいたらやさしく触ってあげて。

愛情のしるしの
サイレントニャー〜♡

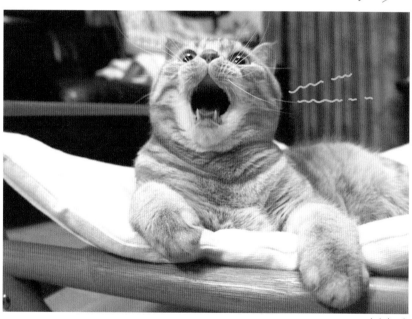

れおちゃん

# さ くら猫

　よく、片耳の先がカットされている猫を見かけます。ケガ
をしたわけではなく、耳先をカットすることで目印にして、
地域でお世話をしている猫ですよ、と表明しているのです。
カットした部分が桜の花びらのように見えることから、さく
ら猫と呼ばれるようになりました。一般に、去勢・避妊手術
をしている猫、という意味にもなります。

リンクス！
お世話になってるッス
オッス、地域で

125

# 邪魔可愛い

人がパソコンで作業していたり、新聞を読みだしたり。何かに集中している時に限って、猫がやってきて、堂々と邪魔をします。やりたいことが進まず困る状況なのですが、猫が可愛いので、つい許してしまう、猫飼いさん「あるある」です。もちろん、猫は邪魔しているわけではなく、いつもとちょっと違う人の行動が気になって仕方ないだけなのです。

小藪ちゃん

思い切り邪魔して
喜ばれるのは、
猫だけ

# ス コ座り

後ろ足をだらんと開き、腰を下ろして上半身は立てる、スコティッシュフォールドの独特な座り方のこと。おじさんに見えることから、「オヤジ座り」ともいわれます。スコティッシュフォールドは、耳が折れている状態を作り出すための交配から、遺伝的に関節や骨に異常が起こりやすい傾向が。そのため関節に負担をかけないこの座り方をするように。

し

す

「オッサン」言うな〜
これが楽なんやで〜

らんまるちゃん

# チ ュパチュパ

　猫は、柔らかなもの、たとえば毛布や飼い主さんのお腹、二の腕、同居猫のお腹や背中などに「ふみふみ」「モミモミ」することで甘え気分を表現しています。それの延長線上で、毛布を口に含んでチュパチュパする猫がいます。これはもう母猫のおっぱいを飲んでいる疑似行為ですね。飼い主さんの指を吸ってチュパチュパする猫もいます。

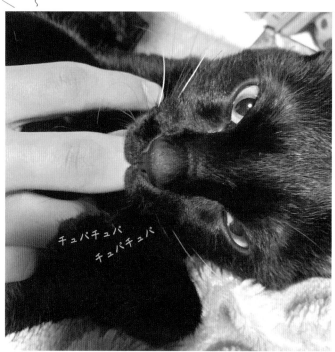

飼い主さんの指
お乳の香りがするニャ～
うっとり♡

チュパチュパ
チュパチュパ

# チ ョイチョイ

　気になるものを見つけると、猫は前足で突きます。これをチョイチョイといいます。自分で身を守らないといけない猫は、環境の変化に敏感。知らないものはまずチョイチョイして、何か確かめて、動かなければ脅威とみなさないわけです。棚の上にあるものをチョイチョイしながら落としてしまうのも、イタズラではなく、猫的には必然なのですね。

ムムム、何にゃこれは？
猫草の一種か？？？

シェリちゃん

# ツ チノコ

　日本に古くから存在する説があるけれど、未確認生物でもある「ツチノコ」。背中に柄があって、胴体が太い蛇のようだといわれています。猫が前足と後ろ足をすべて体の下に入れ込んでしまって顔だけ出している姿が、まるでツチノコのようなことから、こういわれるように。幻の生き物がわが家にいた！　とネットで話題になりました。

塩ちゃん

出た！
幻の生き物、ツチノコ
どこのコ？

# ツ ンデレ

　甘えたい気分の時は、思い切り甘えて、でも「甘えたいの
ね」と近づくと、嫌がってプイッとどこかへ行ってしまう。
そんなツンデレは、まさしく猫の代名詞ですね。でもそれは、
猫が単独行動で生きてきたルーツがあるから。周りに合わせ
る必要はなかったわけなのです。気分屋かつ一筋縄ではいか
ないのが人を惹きつけてやまない魅力なのかも。

なんや甘えたいって
言うたやんか〜
今はそんな気分やにゃいの〜

なつ&ゆずちゃん

# ト イレハイ

　排泄時、猫は無防備になります。だから安心できないと、トイレには行かない猫も。オシッコより時間がかかるウンチはとくに、野生では命懸け。その最中に襲われたらアウトなわけですから。なので、集中してウンチを済ませると、猫は無性に大喜び！　大コーフンして走り回る、勢いよく爪とぎをする、などの行動をします。これがトイレハイです。

ガリガリガリ！
ハイな気分とは
このことよ！

# 二 足歩行

　猫が後ろ足だけで立ち上がる姿をよく見かけます。なかには立ち上がったまま、1、2歩進む猫も。もしや猫は人のように、二足歩行ができるのか、との疑惑がネットを駆け巡ったことも。某国のサーカスでは、玉乗りをする猫もいるそうですし。猫が立てるのは脚の筋肉が非常に発達しているから。それは瞬発力に効果を発揮する筋肉、白筋のおかげです。

君たち、ミーアキャットですか？もーしかして…

いちご＆すみれ＆もちまるちゃん

133

## ャルソック

　猫と窓。素敵な写真集にもなりそうな、絵になる光景です。窓から外を見ている猫、多いですよね。通りを歩いていてふと見上げたら、こちらを見ている猫と目が合うなんていう嬉しい出会いも。猫が外を見ているのは、縄張りチェックのため。じっと見張っている行動が警備員のようで、某警備会社にちなんでこう呼ばれるようになったのでした。

ハイ、本日も異常なしで報告終了！
日は暮れました。

メイちゃん

# に ゃんたま

　オスの猫のデリケートパーツ、睾丸のことをいいます。とくに去勢手術をしていないと、ぷりぷりした大きな玉が2つ、並んでいる様が可愛いと、なんと「にゃんたま」の写真集も人気に。去勢手術をした猫でも、膨らみが残っている場合があり、その控えめな2つの「ボール」も愛らしいと、オリジナルグッズが発売されているほどです。

ポン太ちゃん

どや、わいの＠なかなかやろ？

# ぬこ

ん？　最初の文字間違っているよ、と言いたいのは、よく
わかります。ぬことは、ネットスラングで、「ねこ」のことな
のです。いかにも、ネット民が喜びそうな呼び方ですよね。
なぜ猫を「ぬこ」と呼ぶようになったのかは、諸説あります
が、漫画が発祥という話が濃厚なようです。

こっちは、ホントの
「ねこ」です！
間違わないでニャ

ねこちゃん

# 猫 が落ちている

　猫は自分の気の向くまま、そして心地よい場所ならどこでも移動してくつろぎます。思わず足に引っかけてしまいそうになることも。そんな猫がどこにでもいる様を「また、猫が落ちている」と使います。とくに暑い時季は、猫が廊下や床、玄関などひんやりできる場所に、ごろんとしていることが多く、「落ちている」シーンがよく見られます。

ぬ

ね

キキちゃん

ここがいいんだから
決して
拾わないでニャ

137

# 猫 吸い

　猫の体に顔を埋め、すーすーとにおいを嗅ぐことを「猫吸い」といいます。ペットを飼っている人なら、その愛らしさに、思わずハグしたりギュッとしたりするのはよくあること。その延長線上で、とある猫好きの著名人が「猫吸い」の話をしてから、「飼い主あるある」で広がった言葉です。噂によると、猫は香ばしいにおいがするようですよ。

まりーちゃん

ちょ、ちょっと
にゃんにゃのれすか？

# 猫 団子

複数の猫がくっつきあって寝ている状態をいいます。とくに丸まっていると団子に見えることから、こういわれますが、丸まっていなくても、連なっていれば「猫団子」です。これは仲がよい猫同士でしかしない行動で、暑い時季には、あまり見られません。くっついて暖をとっている意味もあるので、冬の風物詩ともいわれます。

おしくらまんじゅう？
ツメの隙間もないほど
くっつきあっています

くるみと仲間たち

# 猫 転送装置

　床にひもで円を作ったり、マスキングテープなどを床に円状に貼ったりすると、なぜか猫がその円の中に入る、といった事象のこと。とあるブロガーの記事から話題になったといいます。自然と猫がその円の中に移動するので、「転送装置」と呼ばれるように。面白いように猫が円に吸い込まれていく様子から、「ねこホイホイ」ともいわれます。

なぜか
円の中が
落ち着くんだニャー

さんぺいちゃん

140

# ね こ鍋

　猫が土鍋に体を納めている状態のことをいいます。鍋の用意をしていた人が、気づいたら飼い猫が土鍋に丸くなって入っていた様子をネットに投稿したことが発端のよう。猫は狭い空間に入り込むのが好きなので、土鍋の大きさがちょうど猫の大きさにぴったりでよかったのでしょうね。

このスペース感がしっくりくるんだニャー

# 猫の開き

猫が両前足と両後ろ足、すべてを投げ出して無防備に寝ている状態を、魚の干物にちなんで猫の開きと呼ぶようになりました。干物に表と裏があるように、猫にも仰向けバージョンとうつ伏せバージョンがあります。体を開くことによって、体温がこもらないようにしているので、猫の開きは、暑い季節によく見られます。

床の上でもへーき どこでもダラダラしちゃうもんねっ!

ピアノちゃん

# ね こパンチ

　猫が前足で、人や同居猫などを叩こうとする姿をねこパンチといいます。その昔、ボクシングでパンチ力が弱いのを猫のパンチにたとえられたこともありますが、いやいや猫のパンチの威力はなかなかのものです。とくに爪を出したままする本気パンチは避けたいもの。爪を隠してかかってくる場合は、「遊ぼうよ」の意味でもあります。

2匹の乱闘（？）のあと
花瓶がどうなったか
気になりますニャ

玄&コスモちゃん

143

# 猫 バンバン

　駐車場に置いてある車は、外猫の格好の遊び場。とくに寒い日は、暖を求めて車に集まります。タイヤで遊んだり、エンジンルームに入り込んでしまったり。気づかずそのまま発進して起きる思わぬ事故を防ぐために、車に乗る前にボンネットをバンバンしようという運動のこと。著名な自動車メーカーも率先してこの運動を呼びかけています。

タイヤ付近で遊ぶ子猫たち。
よくありがちなので、
車に乗る人は気をつけて！

# 乗る猫

　取り込んだ洗濯物の上、新聞紙の上、パソコンのキーボードの上、などなど。猫は何かによく乗りますよね。この行動も、猫が単独行動だったことに由来するといいます。切り株など何かに乗っていることで、安心感を得ていたのでしょう。冷蔵庫やテレビの液晶画面など、家電に乗る猫の場合は、家電の熱で暖をとっているともいわれます。

ね

の

やっぱ家電ってさ
ぬくぬくして
気持ちいいニャ

くろすけちゃん

# 入っちゃう猫

　猫は狭いところによく入ります。容器に合わせて体を変えてしまうニャン体（軟体）動物であるともいわれますが、箱、かご、買い物袋など、とにかくなんでも入りたがります。理由は、四方を囲まれていると安心だから。護身術などで、敵に背中を見せてはいけない、などといわれますが、つまり、そういうこと。何かに入って身を守っているのです。

隠れていたって
しっかり前は向いて
チェックしているニャ

宮治ちゃん

# バ ンザイ寝

　猫が両前足を上げて、バンザイをしているような姿で寝ていることをいいます。前述の「猫の開き」よりも、さらにリラックスした状態といえるでしょう。警戒心がまったくなく、安心している証拠なので、外で暮らす猫にはバンザイ寝は見られません。また、熱を放出する体勢なので、夏の暑い時季などに多く見られる姿でもあります。

回も白目（？）
むいちゃって
究極のリラックス〜〜

プリオちゃん

147

# へ そ天

　猫が仰向けになって寝転がっている姿は、「猫の開き」「バンザイ寝」など、さまざまな形容がありますが、おへそが上に向いている寝姿をへそ天といいます。上半身が少しねじれていたりして、完全な仰向けの体勢でなくても「へそ天」という場合があります。いずれにしても、警戒心がない状態であることは確かです。

座布団の上で
至福の時や〜
警戒心ゼロ！

ぷーちゃん

# ベンツマーク

　メルセデスベンツのエンブレム、そう、ピースマークの下の線が1本少ないバージョンのあれです。猫の鼻から口にかけて、マズルの部分に円をあてはめると、あら不思議、ベンツマークに見える！　ということから広まった言葉のようです。そういえば「この部分あれに似ている」、とよくたとえられる猫。それだけ愛されているってことですね！

高級車も
猫にかかると
形無し!?

ちーちゃん

# 前髪猫

　まるで、前髪を切りそろえたかのような猫の毛柄が、SNSで話題に。前髪パッツンやら、七三分けやらとユニークな柄を前髪猫と呼ぶように。白×黒の毛柄の猫に多く見られる現象です。他にも、平安時代の眉のようなマロ眉柄、カーニバルの仮面のようなマスク柄などなど、顔のおもしろ柄が多いのが、白黒猫の人気の秘密かもしれませんね。

このパターンは
いわば、
マッシュルームカット？

# 水 ソムリエ

　通常の水入れ以外に、水道の蛇口から直接飲む、お湯なら飲む、ガラスのコップに入った水が好き、など。飼い猫の水の好みはさまざまなようです。一説では、猫は水の味がわかるのだとか。食べ物の味覚は発達していないのに、生き抜くうえで貴重な水には敏感だったということでしょうか。そんな、水にこだわる猫を「水ソムリエ」と呼ぶのです。

ワタクシ、
コップの水しか
飲みませんの

151

# モ フモフ

擬声語、擬音語、擬態語を総称したものが、オノマトペ。日本語はこのオノマトペがよく使われます。モフモフもそんなオノマトペのひとつ。動物の毛がふわふわしていることを表していて、毛で覆われていればどんなものにも当てはまりますが、ペットの犬や猫に使われる例が多いよう。なので猫も、長毛・短毛にかかわらず、「モフモフ」な存在なのです。

これぞモフモフ〜
ふわふわ〜ペロペロ〜
夢心地〜〜〜♡

むぎ&もなかちゃん

# モ <u>フる</u>

　前ページの「モフモフ」が元となって、広まった言葉です。
猫でいうと、愛猫をなでたり、抱っこしたりして、スキンシ
ップをとりたがる人の行動のこと。よく使われるようになっ
たのは、比較的最近みたいです。「モフるタイミング」や、「モ
フる前にやっておこう」など、自由に使われているようで、
すでに広く市民権を得ている言葉のようですね。

愛猫と「モフる」時
極上の幸せを
感じませんか？

Column
3

ノラ猫・地域猫・外出する猫
# おとな猫祭りⅡ

飼い猫の愛らしさは、もちろんのこと。外で暮らす猫も
独特な魅力があります。飼い猫で外が好きな猫も！

We are
genuine stray cats!

Mommy

154

トラちゃん

サスケちゃん

ひまわりちゃん

いなりちゃん

タケちゃん

コジローちゃん

あきちゃん

fuwaaah

ててまるちゃん

ポチャちゃん&お友達

しろちゃん&お友達

マメ助ちゃん

ナワちゃん

Nice to meet you

## we are popular in the area!

レオちゃん

茶々ちゃん

ミィちゃん

ゆずちゃん

155

アモちゃん

にゃんちゃん

いいちゃちゃん

ココアちゃん

ゲベ&ガンコちゃん

ここあちゃん

こむぎちゃん

ハルちゃん

タラちゃん

ぶんたちゃん

ぱんねちゃん

ネプちゃん

we like going out!

ぽーろちゃん

ちゃーちゃん

ラムちゃん

みけちゃん

灰太郎丸ちゃん

シュシュちゃん

まろんちゃん

みー子ちゃん

# 第4章

## 健康
## 病気
## 生活 編

猫とともに暮らすうえで
健康管理は、飼い主の責任です。
日々、何に気をつけたら
いいのか、愛猫を守るための
キーワードを紹介します。

## あごニキビ

　汚れかな、と拭こうとしてもきれいに取れないあごのポツポツ。それは猫特有の「あごニキビ」です。皮脂や角質が毛穴に詰まって汚れて見えるので、とくにあごの毛が白っぽいと目立ちます。食後にフードかすがつきやすいあごは、皮脂の分泌量も多く、ニキビができやすい場所。汚れが目立ったら、悪化する前にやさしく拭いてあげて。

お湯で濡らしたコットンでお手入れを

ここらへん

ミミちゃん

## アナフィラキシーショック

　体内に異物が入った際に、アナフィラキシーというアレルギー反応の一種の、結果として起こるショック状態のこと。異物混入後、数分から30分以内に起こり、ぐったりする、嘔吐、血圧の低下、呼吸困難など重篤な症状が見られ、命にかかわることも。ワクチン後の副反応として、非常に稀ですが起こる可能性があるといわれます。

## アロマオイル

　お部屋でリラックスするため、アロマディフューザーを使用する方も多いでしょうが、猫飼いさんはちょっと待って！　猫にはアロマオイルは危険なのです。アロマオイルは、植物の精油や有機化合物からなり、人と代謝の仕組みが異なる猫には有害となります。猫の飼い主さんは、アロマオイルの使用は控えるようにしましょう。

子猫に多いといわれる異食症

サン太ちゃん

## 異食症

　本来は食べ物ではないものを好んで口にする行為をいいます。猫で多いのは、毛布やポリ袋、草に似た食感のほうきなどです。離乳期前に親猫と離れてしまった、内臓疾患、遺伝性のもの、ストレスなど原因は多岐にわたります。いずれにしても猫にフード以外のものを食べさせないよう、充分注意したいものです。

# 一般食

　市販されているキャットフードは多種多様ですね。どれを選んだらいいか、迷うほど。そんなキャットフードのなかでも、パッケージの成分表に「一般食」とあるのは、いわゆる副食という意味。猫に必要な栄養素がすべて含まれているメインのフードではありません。ですからあくまでも補助的に与えるようにしてください。

あ

い

う

# 飲水量

　猫の祖先は、半砂漠地帯生まれなので、もともと少ない水でも生きていける体の構造になっています。とはいえ、飲水量が少ないと、脱水により、尿の病気や腎臓病のリスクが高まります。諸説ありますが、猫に必要な1日の飲水量は体重1kgにつき30㎖といわれます。普段から愛猫の飲水量を把握しておくといいでしょう。

猫によって水の好みもいろいろ

ねむちゃん

猫の年齢に合わせたフードも多い

# ウエットフード

　レトルトパウチや缶詰など、まさしく乾燥していないキャットフードのこと。最近は、栄養価を考えたものも増えていますが、一般食が多いのが特徴。味にこだわりがあるものも多く、猫の食いつきがよくご褒美に与える人も。また、水分も摂れますし、薬を飲ませなければならない時に混ぜて与えることができるのも利点です。

159

## NG食品

　人の食べ物や飲み物のなかでも、猫が口にしたら危険なものは、意外にもたくさんあります。アルコール、コーヒー、チョコレート、ネギ類、生のイカやタコ、エビなどの魚介類、りんごなど種がある果物、キシリトール入りのガム、そば、骨付き肉などなど。含有成分によっては、命の危険もあるので、充分気をつけましょう。

人の食べ物は猫から遠ざけて

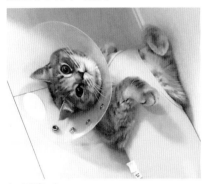
猫に合わせてサイズ調節を
ショコラちゃん

## エリザベスカラー

　猫は、毛づくろいで全身をなめるので、手術後やケガをした時になめないよう保護の目的で使用する器具。首元から円錐形に広がる襟元が、英国のエリザベス女王１世の姿に似ていたことから、呼ばれるようになったとか。慣れないと嫌がる猫もいますが、傷をなめて悪化させるよりは少し我慢させても装着させるのがベターです。

## 黄色脂肪症
（おうしょくしぼうしょう）

　猫の皮下脂肪に硬いしこりができることでわかります。マグロやカツオ、アジなどの青魚に含まれている不飽和脂肪酸のとり過ぎとともにビタミンE欠乏が原因で起こる疾患です。現在の飼い猫は、キャットフードが主な主食で、極端な栄養の偏りは見られなくなり、それにともなって、黄色脂肪症も少ない傾向に。

猫の魚好きは、ある意味都市伝説
ミクちゃん

## オキシトシン

オキシトシンは、お母さんが子どもを抱っこした時などに両者共に活発に作用するホルモンです。人が猫を触ったりした際も同様にオキシトシンの分泌量がアップすることがわかっているそう。別名「リラックスホルモン」なだけあって、オキシトシンの分泌量が上昇すると、ストレス緩和や、免疫機能の維持につながるといわれます。

猫と触れ合うと健康効果も大！

まりちゃん

誤っておもちゃを飲み込まないよう注意を

ロキちゃん

## おもちゃ

狩猟動物であった猫にとって、おもちゃは、家の中で狩りの疑似体験ができる重要なアイテム。じゃらし棒タイプのもの、ネズミの形をしたもの、ボール、後ろ足でけるキッカーなどなど、猫用のおもちゃは多種多様です。愛猫の好みに合ったおもちゃで、1日5分でもいいので、じっくり向き合って遊んであげるといいでしょう。

## オヤツ

一般食より、さらに嗜好性に富んだものが「猫用オヤツ」。乾物やフリーズドライ、レトルトタイプなど各種ありますよね。とくに最近は、ペーストタイプで直接容器から食べさせるタイプが大人気のようです。味にこだわっているぶん、猫の食いつきはいいですが、与える場合は1日の総カロリー量に注意してあげるといいですね。

総じて高カロリーなので、あげ過ぎ厳禁

## 外耳炎
がい じ えん

猫の耳の穴やその周辺に起きる炎症のこと。寄生虫や皮膚の角化異常などが原因となって発症することが多いです。かゆみがあるため、猫が頭を振ったり後ろ足で耳を頻繁に掻いたりします。悪化すると痛みが出たり、慢性化してしまう可能性もあるので、猫が耳を気にするようにしていたら、早めに受診するようにしましょう。

ひっきりなしに耳を掻いていたら外耳炎かも

猫に多いのは「猫回虫」

## 回虫症
かい ちゅうしょう

ノラ猫を保護すると、多くの場合、寄生虫である回虫がお腹の中に見つかります。母猫を介して感染する場合が多く、食欲不振のほか、便秘や虚弱の症状が見られます。駆虫薬で治療しますが、子猫の時期は感染すると、免疫力が充分でないため、重篤になる恐れも。保護したら、まずはお腹の中に回虫がいないか検査しましょう。

## かつお節

猫が大好きなかつお節、欲しがるからと、ついあげていませんか？　かつお節には、マグネシウムやリンなどのミネラル分が多く含まれます。摂り過ぎにより、泌尿器系の病気が誘発される恐れもありますから、あげ過ぎは禁物。現在は健康に配慮されたペット用がありますから、与えるならそれらをトッピング程度にとどめて。

人のかつお節は与えないで

## 下部尿路疾患
<small>か ぶ にょう ろ しっ かん</small>

猫の尿道、膀胱のことを下部尿路といいます。猫は、もともとの体質から尿が濃く、それ以外の影響でも尿中に結石ができやすい傾向があります。結石が原因で尿道や膀胱に負担がかかり、下部尿路のトラブルに。療法食などで治療しますが、普段から原因ともいわれるトイレ環境や食事、ストレスケアを心がけたいですね。

愛猫のトイレの様子はよく観察を

か

可能なら置きっぱなしは避けて

## カリカリ

猫のフードには、大きく分けるとドライタイプとウエットタイプがあります。乾燥したドライタイプのフードを、通称「カリカリ」といいます。愛猫の基本の食事はカリカリ、という人も多いことでしょう。年齢別、毛玉や尿路に配慮したものなど、各種ありますから、いろいろ試してみて、愛猫の好みに合わせて選ぶといいでしょう。

## 肝リピドーシス
<small>かん</small>

肝臓に脂肪がたまって起こる、いわゆる脂肪肝です。肝臓に余計な脂肪が蓄積されると、本来の働きができなくなり、諸症状が引き起こされます。とくに太った猫が、急に食事を摂らないことが続くと、突発的にかかることがあり、危険です。丸々とした猫は可愛いものですが、猫の健康のためにも日頃から体重管理に気をつけましょう。

太り過ぎが健康に悪いのは人も猫も同じ

## キウイフルーツ

　猫にマタタビ、とはよく耳にしますよね（マタタビはP61を参照）。マタタビという植物に含まれる成分が、猫を刺激して恍惚状態にすることが知られます。このマタタビと同じ成分が含まれるのが、キウイフルーツ。人が食べる実に成分はほとんど含まれていないようですが、近くに置くと、たまに反応してしまう猫もいるそうです。

## 危険な植物

　花を飾ったり、観葉植物を置いたり。おしゃれにグリーンライフを送りたいものですが、じつは植物のなかには猫に有害なものが結構あるのです。下記の表にあるように、猫が口にすると死亡することもあるユリはよく知られますが、他にもアイビーやポトスなど、観葉植物の定番のようなものも猫には有毒ですから、充分気をつけて。

きれいな花を飾りたいけれど…

クロちゃん

危険な植物一覧

| | |
|---|---|
| ユリ科 | ユリ、チューリップ、スズランなど |
| ナス科 | チョウセンアサガオ、ホオズキ、ペチュニア、トマトなど |
| ツツジ科 | サツキ、シャクナゲなど |
| アジサイ科 | アジサイ |
| バラ科 | リンゴ、プルーン、チェリー、モモ、ウメなど |

受診の際にでも動物病院で駆虫薬の相談を

## 寄生虫病
（き せい ちゅうびょう）

　猫に寄生する寄生虫には、体内にすみつく内部寄生虫と、皮膚や耳など、体の外部にとりつく外部寄生虫がいます。内部寄生虫で怖いのはフィラリアで、感染すると猫が突然死することも。外部寄生虫はノミやダニなどで、耳の炎症を引き起こす耳ヒゼンダニがよく知られます。いずれも動物病院で駆虫薬を処方してもらい、予防に努めて。

どんぐりちゃん

窓枠や梁など、ナチュラルなキャットウォークも

ちくわちゃん

ユニークな形のキャットウォークも

き

## キャットウォーク

　野生時代から、木に登る生活をしていた猫は、高い場所が大好き。自分で身を守らないとならない猫は、天敵のいない高所は、安心できる場所でもあります。猫が快適に過ごすためにも、室内にキャットウォークを設置したいもの。市販の他、家具の置き方を工夫して自然と猫が高い場所を歩けるようにしてあげるだけでもいいでしょう。

## キャットニップ

ハーブの一種で、花もきれいです

　日本がマタタビなら、西洋はキャットニップ。ネペタラクトンという成分が猫を興奮状態にさせます。通称「イヌハッカ」といわれるハーブで、苗から育てることもできます。猫に作用する成分を利用して、乾燥したものをおもちゃに入れたり、爪とぎ器にかけたりして使います。個体差があるので、ほぼ反応しない猫もいるようです。

165

上部が開くと、猫が入ったままの診察も可能

クロちゃん

# キャリーケース

　猫を運ぶ時に必要なバッグ。各種タイプがありますが、猫の出し入れがスムーズなのは、横も上も開くタイプ。動物病院へ連れて行く時には必須ですが、慣れていないと怖がって、受診そのものを嫌なことと覚えてしまいます。普段から扉を開けて見える場所へ置いておき、中でおやつを与えるなどして、慣れさせておくといいでしょう。

# 去勢・避妊手術
きょ せい　ひ にん

　猫を飼う際に、忘れてはならないのが去勢・避妊手術です。なぜなら猫は非常に繁殖率が高く、手術していないと相手がいれば鼠算式に匹数が増えていくからです。最近問題になっている多頭飼育崩壊も、手術をしていない複数飼いが原因のひとつです。オスもメスも発情期前の手術が望ましいので、タイミングなどは獣医師に相談を。

メスの場合は、術後服を着せることも

アン＆
ビオちゃん

抜け毛の飲み込み過ぎにも注意を

ぐれみちゃん

# 巨大結腸症
きょ だい けっ ちょうしょう

　猫の結腸に便がたまってしまい、腸が機能せず、ひどい便秘や嘔吐、食欲不振を引き起こす病気です。事故などが原因で腸が細くなっていると、排便が難しくなってかかるケースも。慢性の便秘が進行してなる場合もあるので、便秘を防ぐことが肝要です。食物繊維を考えた食事を摂らせるなど、普段から気をつけてあげて。

# 首輪

つけるなら、子猫期からがベター

　以前の飼い方は、猫も外へ出かける
ケースがあったので、首輪は個体識別
のために必須でしたが、現在のように
完全室内飼いが増えてからは、首輪を
しない猫も多いようです。個体差によ
りますが、成猫にいきなりつけると、
ストレスになることも。つける際は、
引っかかっても外れやすい安全なタイ
プを選ぶといいでしょう。

桃ちゃん

き

く

け

動物病院で購入できます

※錠剤用投薬器もあります

# 経口投薬器
（けい こう とう やく き）

　猫に薬を飲ませる時の便利な補助具。
できれば猫に薬を与える機会はないほ
うがいいですが、飼っていればそうも
いきません。薬の形状も、錠剤や粉な
どいろいろですが、液体の場合、シリ
ンジのような写真の経口投薬器で与え
ることに。使用の際は、獣医師からコ
ツを教わると、わりとスムーズにでき
るようになります。

# ケージ

ケージは、いわば猫のお部屋

　猫を迎える際に必要なのがケージ。
とくに子猫はフリーだとどんな隙間に
入るかわからず、事故につながるケー
スもあり心配です。縦に動ければ、狭
い空間が苦にならない猫も。2階か3
階建てのケージに、食事とトイレを置
いて。慣れると、自分の居場所になり
ますし、緊急時などでもケージ内でス
トレス少なく過ごせるでしょう。

ハル&さんちゃん

犬歯が見えると、迫力満点

## 激怒症候群
<ruby>激<rt>げき</rt></ruby><ruby>怒<rt>ど</rt></ruby><ruby>症<rt>しょう</rt></ruby><ruby>候<rt>こう</rt></ruby><ruby>群<rt>ぐん</rt></ruby>

　猫が突然理由もなく、人や同居猫などに襲いかかる病気のこと。「特発性攻撃行動」ともいわれます。近年わかってきたことで、原因などは不明なことが多いといいます。一説では、てんかんなどの脳神経系の異常が関連しているとも。猫に攻撃行動があってもむやみに怖がらず、専門家へ相談するようにしましょう。

## 毛玉ボール

自分のニオイだから安心できるよう

　飼い主さんなら、ご存じかと思いますが、猫の毛はよく抜けます。生え替わりの換毛期はとくに大量です。猫の毛は柔らかいので、そんな抜け毛を集めて作る「猫毛フエルト」（P181参照）もあるほど。この抜け毛を丸めてボールにすると、自身や同居猫のニオイがついているからか、猫はよく反応して遊んでくれますよ。

目の縁が赤くなることも

## 結膜炎
<ruby>結<rt>けつ</rt></ruby><ruby>膜<rt>まく</rt></ruby><ruby>炎<rt>えん</rt></ruby>

　猫の目の病気で多いのが、結膜炎です。まぶたの裏側や目の縁、白目などが赤くなります。涙や目やにが出ることも。感染症や、引っかき傷、異物による刺激などが原因とされ、目薬で治療するのが一般的です。人と同様、目の不快感は猫にとってもストレスですから、目の異変に気づいたら、早めに受診しましょう。

# 健康診断

人と等しく、猫も病気は早期発見が肝要です。動物病院へ連れていくこと自体、ハードルが高い猫もいますが、動物病院や受診自体に慣れてしまえば、ストレスを減らすことも可能です。若い猫なら1年に1回、シニア猫なら半年に1回など、だいたいの期間を決めて健康診断を受けさせておくと、飼い主さんも安心ですね。

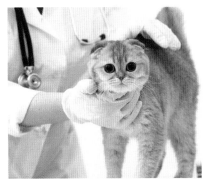
猫も定期的に受けたいもの

け
二

リボンなど細長いものに目がない猫

# 誤飲・誤食

遊んでいる間におもちゃの端を飲み込んでしまったり、紐状のものにじゃれていたら口に含んでしまったりと、猫には異物を誤って口にする危険がつきものです。とくに好奇心旺盛な子猫は、何でも口にしたがります。誤飲したものによっては、開腹手術が必要になるケースもありますから、事前に防げるよう、充分な注意を。

# 甲状腺機能亢進症

甲状腺ホルモンが過剰に分泌されることによって、心臓など各臓器に負担がかかり体の消耗が進む病気です。多飲多尿、瞳孔が大きくなる、食欲増加などでわかります。元気に見えるため、病気と気づきにくいところが難点です。12才頃でかかりやすくなるので、シニア猫になったら、甲状腺機能亢進症の血液検査も受けておくといいでしょう。

シニア猫に多い傾向の甲状腺の病気

みーこちゃん

169

## 肛門嚢
こう もん のう

　猫の肛門の周囲にある、分泌物を作っている器官のこと。肛門の左右にある袋状の組織で、肛門の近くに肉眼では見えにくい小さな穴が開いていて、そこから分泌物が排出される仕組みです。嗅いだことがある人はわかると思いますが、これが強烈なにおいを発します。分泌物がたまり過ぎると、炎症を起こし、肛門嚢炎にかかることが。

肛門をよく見ると左右に穴が見えることも

猫飼いさんのお助けグッズです

## コロコロ®

　よく知られた、ローラー式粘着テープクリーナーのこと。これ、猫と暮らすには必須のアイテムなんです。猫の毛は柔らかいので、抜けると宙に舞って、どこにでもくっついてしまいます。気づいたら、黒いTシャツが真っ白、なんて悲劇もしょっちゅうです。玄関に置いておき、出かける前のひと転がし、なんて人も多いようですよ。

## ささみ

　オヤツやフードにもささみ味やささみ風味があるように、ささみ好きな猫は多いよう。元来、猫は肉食なので、高タンパクのささみは猫の栄養面でも問題ありません。与える際には、必ず茹でたものにして。また、猫の食欲が落ちている時に、ささみの茹で汁をドライフードに少量かけると、風味が増して、食いつきがよくなることも。

動物性タンパク質の宝庫

## 子宮蓄膿症
（し きゅうちく のうしょう）

子宮が細菌に感染し、炎症を起こして膿がたまる病気です。多飲多尿や、お腹のふくらみで気づきます。腎不全を併発する傾向も。避妊手術をしていないメスの猫がかかる病気で、とくに高齢の猫に多い疾患。治療は、外科的治療が主ですが、他の病気もある猫の場合は、抗生物質などの内科療法を行うケースもあります。

## 歯周病
（し しゅうびょう）

歯周病は、歯肉や歯の周囲の組織に炎症が起こる病気の総称で、猫も歯周病にかかります。食生活の変化からか、増加傾向にあるともいわれ、2才以上の猫は80％の割合で何らかの歯のトラブルを抱えているというデータも。悪化すると、猫は痛みで食事が摂れず、衰弱してしまいますから、早めの処置が望まれます。

## システムトイレ

上部が砂、下部にシートと、二層式のトイレのこと。メーカーにより形状の差はあるものの、オシッコの色の確認ができる、消臭効果が高いなど、飼い主にはメリット大。ただし、猫には砂の好みがあり、一般のトイレからの急な変更はうまくいかないことも。失敗が続く場合は、前のトイレも置いて好きなほうを選ばせてあげて。

## 歯石除去
（し せき じょ きょ）

歯周病は、歯や歯茎だけの問題でなく、細菌が血流により全身へ広がり、腎臓をはじめ各臓器へ悪影響を与えることが指摘されています。歯周病を悪化させないためには、人のように、猫も歯石除去が有効です。しかし、猫の歯石除去には、全身麻酔が必要です。リスクを伴うので、高齢の猫や、体の状態によっては受けられないことも。

独特な砂の形状が猫に合っていれば楽

171

## 歯肉口内炎

猫の口内炎のなかでも、歯肉炎や歯周病よりも奥の口内に炎症と痛みが起きる厄介な病気で、正式な病名は「慢性歯肉口内炎」といいます。免疫の異常やウイルス、細菌が原因ともいわれ、単純な歯の疾患ではないことが多いです。痛みで食べられないと猫が弱ってしまうので、抜歯が有効な治療法とされています。

猫が口を開けた機会に中をチェック！

ふくちゃん

必ず猫用シャンプー剤を使用して

ロキちゃん

## シャンプー

猫は毛づくろいで全身をなめてきれいにするので、外で泥まみれになるなど、よほどのことがない限りは、シャンプーは必要ないとされています。ただし、換毛期に1回シャンプーをしておくと、体に残っている抜け毛が多少は取れて、毛の飲み込みを防ぐことにも。濡れることに神経質でない猫なら、トライしてもいいでしょう。

## 寿命

近年、猫の飼い方が完全室内飼いに移行してきたこともあり、猫の寿命は格段に延びています（ペットフード協会調べ）。最近では、20才（人で換算すると約100才）を超える猫も珍しくありません。とはいえ、ノラ猫は相変わらず、平均寿命が4才とも。飼い主としては、愛猫には、元気で長生きしてもらいたいものですよね。

外猫は、寿命を脅かす危険がいっぱい

ノラ猫家族のお父さん

# 食物アレルギー

　よく知られるアレルゲンは、牛肉や豚肉、乳製品など。猫のアレルギーは皮膚症状に出ることが多く、皮膚をやたらと掻いたり、なめたりします。猫によっては、吐いたり、下痢をしたりすることも。アレルギーを引き起こす食物が何か、特定は容易ではありません。獣医師と相談のうえ、辛抱強く除去していくことになります。

食後の様子も観察してみて

わさびちゃん

鼻や口周りの症状で気づきます

# 真菌
しん きん

　真菌とは、カビのこと。猫によく見られる通称「猫カビ」は、皮膚糸状菌症で、白癬（はくせん）ともいいます。この菌に感染すると、猫は体の各所が脱毛します。なかでも顔周りや前足の脱毛で気づくことが多いよう。猫カビは、猫から人にうつる人獣共通感染症でもありますから、猫との接し方には注意が必要です。治療は抗真菌薬で行います。

# 心筋症
しん きん しょう

　心臓の筋肉、心筋に異常が起き、さまざまな症状が起こる病気。原因はよくわかっておらず、遺伝的な要素も大きいといいます。心筋症は、血液が固まりやすくなるので、血栓ができる恐れが。血栓ができると非常に危険で、猫が突然死することもあります。若い猫でもかかるので、遺伝的要因の強い猫種はとくに注意が必要です。

# 腎不全
じん ふ ぜん

　腎臓の組織が壊れて、働きが悪くなり、血中の老廃物を排出できなくなってしまった状態をいいます。腎不全には、慢性と急性があり、多くの高齢猫で見られるのが慢性腎不全です。多飲多尿、食欲不振、体重の減少、貧血などでわかります。治療は、一般的に療法食と輸液などで行います。近年、新薬も登場し、期待が高まっています。

## ストレス

猫は、一般に警戒心が強く、環境の変化に敏感です。縄張り内の安全・安心が脅かされそうになるちょっとした変化や、本能を満たされないことにストレスを感じることも。飼い主さんは、立体的な運動を可能にする、爪とぎで発散できる、など本来の猫らしい生活を送れる環境を整えてあげて。それがストレス軽減にもつながるでしょう。

猫はすぐ隠れがちです

おろしちゃん

家族が増えるとストレスになることも

ソロちゃん

## スリッカーブラシ

猫のブラッシングに使う道具は、ラバーブラシやピンブラシ、仕上げ使いのコームなどいろいろですが、なかでも抜け毛がよく取れるのが、スリッカーブラシです。くの字形のステンレス製のピンが密になっているので、毛のもつれや毛玉などをしっかりほぐすことができます。とくに毛玉になりやすい長毛猫向き。

皮膚に直接触れないよう、浮かせて使用を

# 洗濯ネット

袋状のものに入るのが好きな猫もいます。そんな猫には何かと重宝するのが、洗濯ネット。暴れるのを抑えられるので、キャリーケースにも入れやすくなります。また、通院の際、キャリーケースを開けた途端、脱走！ などの事故防止にも。キャリーケースから足だけ出しての爪切りも可能なので、お手入れにも役立ちます。

表情もわかるので網目は白いほうがベター

フードを選ぶ際は、パッケージをよく見て

| 保証栄養分析値 | |
| --- | --- |
| タンパク質 30.0%以上 | ビタミンA 10000IU/kg以上 |
| 脂 肪 20.0%以上 | ビタミンE 80IU/kg以上 |
| 粗 繊 維 9.0%以下 | ビタミンB1 5.0mg/kg以上 |
| 粗 灰 分 7.0%以下 | ビタミンB2 5.0mg/kg以上 |
| 水 分 10.0%以下 | |

| 代表的な分析値 | | | |
| --- | --- | --- | --- |
| カルシウム | 1.00% | ナトリウム | 0.50% |
| リン | 0.90% | マグネシウム | 0.08% |

ねこの下部尿路
低マグネシウム
ねこの下部尿路の健康維持に配慮して、
マグネシウム量を調整（含有量0.08%：標準値）

成猫用 総合栄養食 キャットフード
この商品はペットフード公正取引協議会の定める分析試験の
結果、総合栄養食の基準を満たすことが証明されています。

## 総合栄養食 (そう ごう えい よう しょく)

市販されているキャットフードのなかでも、猫に与えるメインの食事となるのが、総合栄養食です。フードは、おもに「総合栄養食」と「一般食」「間食（オヤツ）」がありますが、水とそのフードだけで、猫に必要な栄養が摂れるのは、総合栄養食のみです。パッケージには、原材料の表記とともに、総合栄養食と書かれています。

## 多飲多尿 (た いん た にょう)

猫の祖先は、半砂漠地帯出身なので、少ない水で生きられる体質。そんな猫が、急に水を多く飲むのは、心配です。水を多く飲んで、オシッコも多くすることを、文字通り多飲多尿といいます。この状態は、腎不全や甲状腺機能亢進症、糖尿病など、あらゆる病気のひとつの症状であることが多いので、気づいたらすぐ受診しましょう。

延々と水を飲んでいるなら要注意

ペルシャ猫は遺伝的にかかりやすい

## 多発性嚢胞腎
### た はつ せい のう ほう じん

　この病気は、主に猫の遺伝性の病気として知られています。腎臓に小さな嚢胞がたまって、機能が徐々に衰えて腎不全の状態になってしまいます。ペルシャ猫に多く、その系統や、その他ヒマラヤン、スコティッシュフォールドも発症する傾向が。該当する猫種は、若いうちから検査をして、早く気づいてあげたいものです。

## ちゅ～る®

　言わずと知れた、大人気のペースト状オヤツ。なぜ、こんなにも猫を魅了するのでしょう。そのナゾは、メーカーの企業秘密かもしれませんが、嗜好性の高さと共に小さな隙間からニュルニュル出てくる形状もポイントかも？ただし、猫が好むからといって、あげ過ぎはNG。爪切りのあとなど、ご褒美感覚で与えるといいですね。

なめる勢いは止まらない！

後ろ向き抱っこだと切りやすいことも

## 爪切り

　室内で人と暮らす猫は、爪を切っておきたいもの。猫の前足の爪は鋭いので、伸びたままだと、何かの拍子に飼い主がケガをする危険もありますし、猫自身もカーテンなどに爪が引っかかってケガする恐れも。ただし、体を拘束されることを嫌がる猫が多いので、快く受け入れてくれるよう、動物病院でコツを聞いて行うといいでしょう。

## てんかん様発作

　猫が突然、前足、後ろ足を突っ張らせて、けいれんを起こすことがあります。ガタガタ動きながら意識を失い、泡を吹くことも。そのくらい激しい発作です。最初、目の当たりにすると飼い主さんは驚くと思いますが、刺激しないよう冷静に動物病院に連絡し、指示を仰ぎましょう。脳の病気やケガ、中毒など原因は多岐にわたります。

## トイレ

　猫の健康を守るためにも、粗相などの問題行動を防ぐためにも、猫のトイレ環境は重要です。猫のトイレには、大きさ、カバーの有無、砂やチップのサイズや質感など、さまざまなタイプがありますので、猫の好みに合わせて選んであげて。汚れたらすぐ掃除を心がけ、匹数＋１個の容器を用意することが望ましいでしょう。

た

ち

つ

て

と

一

## 糖尿病

　猫も糖尿病にかかります。糖尿病とはホルモンの病気で、膵臓から分泌されるインスリンが充分でなくなり、血液中の糖が増え、体にさまざまな異変が起こります。多飲多尿の症状で気づくことが多く、悪化すると命の危険も。肥満が原因のひとつともいわれますので、愛猫を太らせないよう、食事の管理はしっかり行いましょう。

愛猫の体重管理は飼い主さんの役目

## 動物の愛護及び管理に関する法律

　動物愛護法と呼ばれる法律に改正、施行されたのが2000年。その後、何度か改正が行われ、2022年には、販売業者のペットへのマイクロチップ装着が義務化に。動物も大切な命として、人と共生する社会を目指して定められた基本法ですから、飼い主なら、内容を把握しておきたいですね。

外の猫も法律で守られています

哲学の道の猫たち

177

何度か通うことで、慣れる猫も

# 動物病院

　環境の変化が苦手な猫を、動物病院へ連れていくのは難儀なことですよね。でも、健康維持には欠かせませんから、なるべく猫に負担がかからないよう、普段からキャリーケースに慣れさせておくといいでしょう。また、運ぶ際には、外が見えないようキャリーケースに布をかけて覆うと、猫も少し安心できるでしょう。

# トキソプラズマ症

　猫から人にうつる、人獣共通感染症。トキソプラズマという原虫のオーシストという卵のような状態のものが、感染した猫の便に排出されると、その便を掃除した時に、人に感染する恐れがあります。しかし、感染猫は少なく、発症する人も稀。ただし、妊婦が感染すると胎児が先天性トキソプラズマ症にかかる場合があります。

トイレ掃除を介して感染する危険も

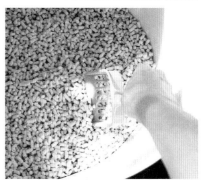

なめるのを防止するのに有効な「エリカラ」

# なめ壊し

　猫は、自分の体をなめてグルーミングする動物ですが、たまにやり過ぎてしまうことがあります。過剰グルーミングともいわれる、この「なめ壊し」によって、脱毛や皮膚から出血することも。原因は、皮膚疾患や、稀ですが精神的なものといわれます。その場合、飼い主がお腹のあたりに丸い脱毛を見つけることが多いです。

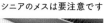

# 乳腺腫瘍
<small>にゅう せん しゅ よう</small>

シニアのメスは要注意です

高齢のメス、とくに避妊手術を受けていない猫に見られる病気。悪性のものが「乳がん」です。肺など他の部位に転移しやすいのも特徴で、治療は、主に外科手術によって行われます。いずれにしても、早期発見が重要なので、日頃から飼い主さんは猫の乳腺付近を触って、異常がないか確かめるようにしたいですね。

あげるなら、成分調整された猫用ミルクにして

# 乳糖不耐症
<small>にゅう とう ふ たい しょう</small>

昔、猫を保護したらまず牛乳を与える、というのが常識だった時代がありました。が、最近では人用の牛乳を与えないことが一般的になっています。というのも、牛乳に含まれる乳糖を分解できない猫がいるから。乳糖を分解する酵素がないため、牛乳を飲むと消化不良を起こし、下痢をしてしまう場合も。これを乳糖不耐症といいます。

# 尿道閉塞
<small>にょう どう へい そく</small>

トイレの様子はよく観察を

オシッコの通る道、尿道がふさがってしまい、オシッコが出にくくなった状態。結石が詰まることが多いので、尿路結石にかかった猫はとくに注意が必要です。さらにオスは体の構造上、尿道が細長くカーブしているので詰まりやすくなります。治療が遅れると命にかかわるので、愛猫の排尿の様子は日頃から注意深く観察しましょう。

## 尿路結石

猫のオシッコの通り道を尿路といい、ここに結石ができる病気のことをいいます。猫のオシッコはもともと濃くて少ない傾向にあり、そこに体質や食べ物、生活習慣などで尿のpHバランスが崩れると、結石ができやすくなるのです。結石がある場合、療法食で治癒することもありますが、外科手術で摘出する必要があることも。

## 認知症

犬より少ないといわれる、猫の認知症。実際、動物病院でも高齢猫の認知症の診断は珍しいそう。ですが、認知機能の低下が見られることはあるようです。たとえば、夜中に大きな声で鳴く、粗相が増える、何事にも無関心になる、など。ただし、これらの症状は他の病気でも見られることが。年かなと思ったら、一度獣医師に相談を。

## 抜け毛

換毛期でもないのに、猫の抜け毛が増える原因は、寄生虫や感染症、食物アレルギーや過剰なグルーミング（なめ壊し）によるものが多いです。寄生虫予防には、定期的なノミ・ダニ駆虫薬の滴下が必須です。異常な抜け毛にいち早く気づくためにも、普段から愛猫の皮膚の状態をチェックしておくようにしたいですね。

普段の抜け毛の量を把握しておきたいもの

猫カフェなど匹数が多い場所で症状が出る人も

## 猫アレルギー

猫と同じ空間にいるだけで、くしゃみ、目や皮膚のかゆみ、鼻水などの症状が出る人がいます。この猫アレルギー、猫飼いさんでも意外と多いことで知られます。原因は、猫の毛というより、フケなどに含まれる物質。少しでも軽減させるためには、掃除をまめにして部屋を清潔に保つ、猫を触ったら小まめに手を洗う、などが有効です。

# 猫エイズ

　ケンカの噛み傷から感染することが多い、猫免疫不全ウイルス（FIV）による感染症。そのため、保護したノラ猫だと感染している場合も。発症すると、徐々に免疫機能が働かなくなり、口内炎や結膜炎などさまざまな症状が出ます。ただし、感染猫でも室内で健康に暮らすことでキャリア期を長く保ち、発症せず寿命を全うする猫もいます。

ノラ猫は母子ともに感染症のリスクが高い

# 猫カゼ

　猫ウイルス性鼻気管炎、猫カリシウイルス感染症、猫クラミジア症などの猫の呼吸器感染症の総称です。鼻水やくしゃみなど人の風邪に似た症状からこう呼ばれますが、重症化すると怖い病気です。感染猫との接触でうつることが多く、ノラ猫の場合、すでに感染している可能性が大。ワクチンで予防しつつ、早期発見・治療に努めて。

猫毛で制作した、可愛い帽子

ノアちゃん

# 猫毛フェルト

　猫の毛はよく抜けます（心配な抜け毛についてはP180参照）。換毛期には、家じゅう毛だらけになるほど。抜けた猫の毛を利用して、毛玉ボールを作ることもできますが、一歩進んで、フェルトにして、人形作りなどを楽しむ人も。お湯と洗剤を使って本格的な作品も作れますが、簡単な被り物なら、手で丸めていくだけでも作れますよ。

## 猫砂

猫のトイレに入れる砂は、各種あります。鉱物系、木材系、紙、おから系など。システムトイレには、そのトイレに決まった砂がありますが、一般のトレー式トイレなら、別途猫砂が必要です。土や砂の上で用を足していた猫は、砂の形状に近い鉱物系が好きな傾向もありますが、まずは試してみて、猫が気に入るものを使いましょう。

鉱物系は固まりやすいのも特徴

テントのような形も人気

ちゃびおちゃん

## 猫ハウス

猫が家の中でよりくつろげるよう、用意したいのが、ゆっくり休める「猫ハウス」。意外と猫は、大きいサイズよりも、自分の身ひとつが収まるようなサイズで、それでいて四方を囲まれたタイプを好むよう。よかれと思って購入したハウスには目もくれず、段ボール箱にばかり入る、なんてことも、猫あるあるですね。

## 猫白血病ウイルス感染症
<small>ねこ はっ けつびょう</small>

猫白血病ウイルスに感染すると、猫は、発熱、リンパ節の腫れ、貧血などの症状が出ます。その後、回復したかに見えても、たいていはキャリア期を経て再び発症。そうなると重篤になり、最悪、命を落とすことも。完治は難しく、発症したら、そのつど、対症療法を行います。母猫から子猫に感染するケースも見られます。

## 猫汎白血球減少症
<small>ねこ はん はっ けっ きゅう げん しょうしょう</small>

原因は猫のパルボウイルスへの感染。感染すると、嘔吐や下痢を繰り返すようになり、白血球も急激に減少します。「猫伝染性腸炎」ともいわれるこの病気は、子猫が感染しやすく、体力が充分でない子猫は、数日で命を落としてしまう場合もあります。治療は、猫の状態に合わせて、点滴や抗生物質などで行われます。

# 猫ひっかき病

人獣共通感染症のひとつで、猫に引っかかれる、噛まれるなどして人が発症する病気です。猫の赤血球に潜む病原菌に感染すると、3日から数週間で引っかかれた部位が腫れます。場合によっては、高熱が出たり、リンパ節が腫れることも。猫に攻撃されたら、その部位をすぐ流水で洗い、しっかり消毒し、念のため受診しましょう。

手で遊んでいると、引っかかれることも

# 猫ベッド

まさしく、猫のためのベッドです。最近では、インテリアショップなどが、こぞって猫用のベッドを各種販売していますよね。なかには人間用のイスより高額なものも！　猫は自分の好きな居場所を探して休むのが上手な生き物。高価なベッドを用意しても、家具の隙間などでまったりしがち。なんていうのもまた、猫あるあるです。

ゴージャスベッドの代表格！

ちよちゃん

# 熱中症

犬ほどでないものの、猫も熱中症にかかります。熱中症とは、高温下で、体温がうまく調節できなくなり、体の熱が下がらなくなる病気です。すみやかに冷やすなどして処置をしないと死に至ることも。外に出ない猫の場合、熱中症は少ないですが、誤ってクローゼットに閉じこめられた、などの不慮の事故でかかるといわれます。

# 排泄物

排泄物に、猫の体調は表れます。普段の生活で特別なことをしていないのに、排泄物の様子が変わっていたら要注意です。オシッコもウンチも、色、量や回数、におい、排泄をしている時の猫の様子をしっかり観察して。排泄物や排泄時の猫の様子をスマホのカメラで撮影するなどして、獣医さんに見せると診断の手助けになります。

## 吐く

猫は、どちらかというとよく吐く動物です。それは、自らを毛づくろいしているので、その毛を吐き出そうとするため。また、ドライフードを一気に食べて、未消化のフードを吐き出すことも。普段は吐かない猫が吐くのは心配です。吐いたものが、液状で色が変、ピンク色など血が混じっている場合は、早めに受診しましょう。

カッカッと鳴きだしたら、吐く前兆

頬を寄せたり、キスしたりすると感染の恐れが

## パスツレラ症

猫がもともと保持しているパスツレラ菌が、引っかかれたり噛まれたりすることで人にうつる、人獣共通感染症です。感染すると30分という短時間で発症することも。傷口が腫れ、発熱する場合もあります。パスツレラ菌は、ほとんどの猫の口内に潜む常在菌です。可愛くて仕方ないのをぐっとこらえ、過度な接触は避けたほうがベター。

## 歯みがき

２才以上の猫の80％が何らかの歯のトラブルを抱えているといわれます。猫の口の中のトラブルは、歯みがきによって予防できるものもあります。じっとしてくれない猫に歯みがきはハードルが高いですが、抱っこさせてくれるなら、その際に試してみては。歯みがきの方法については、動物病院に相談してみるといいでしょう。

歯ブラシを見せて慣れさせて

## 皮下輸液
（ひかゆえき）

　猫の皮膚と筋肉の間、皮下に点滴をすること。腎臓病に罹患している愛猫に、実施したことがある飼い主さんもいることでしょう。獣医師の指導の下、飼い主さんが自宅でできるのがメリット。愛猫の脱水症状の改善や、毒素の排出を促す効果が期待できます。愛猫に皮下輸液が必要になった場合は、かかりつけの獣医師に相談してみては。

輸液バッグは高いところに設置します

## 肥大型心筋症
（ひだいがたしんきんしょう）

　心臓には、右心房、右心室、左心房、左心室と4つの部屋があり、主に左心室に問題が起きるのが肥大型心筋症です。心臓の左心室の筋肉が太くなり、内部が狭まったことにより、血液を充分にためておけなくなってしまうのです。すると血栓ができやすくなり、非常に危険です。若い猫でもかかるのが、この病気の怖いところです。

## フィラリア症

　猫もフィラリアに感染します。フィラリアは蚊によって運ばれる感染症。感染動物の血を吸った蚊から、他の動物へフィラリアの幼虫が寄生。そこで成長すると、最終的に心臓や血管に到達します。猫は、咳をする、呼吸困難に陥るなどして、突然死することも。最近では、猫にもフィラリアをカバーした予防薬を与えるのが一般的です。

## 複数飼い

　猫は散歩が必要なく、飼いやすさから、いつの間にか匹数が増えがちに。人には楽しい複数飼いでも、同居する猫同士の相性が悪い場合、猫にはストレス大です。複数飼いをするなら、お互いの相性を見極めることが肝要。一般に血縁のある猫はうまくいきやすいともいわれますが、始める前に専門家に相談してみるのがいいでしょう。

相性がよければ猫も楽しい

姫乃&菊丸&おはぎちゃん

185

シニア猫のお散歩にも大活躍

竹ちゃん

# ペットカート

　ベビーカーのように、猫を連れて歩けるのが、ペットカート。飛び出し防止のためのリードもついているものが一般的です。体重が重い猫の通院時や、複数飼いの猫を一度に連れていく際などに、飼い主さんの負担が軽減できて便利です。また、最近ではペットカートで猫を散歩させる飼い主さんも見受けられます。

# ペットシッター

　猫に留守番をさせる際、それが2日間など少し長くなる場合に、猫のお世話を頼める専門家です。留守宅に訪問し、食事や水を与える、トイレ掃除、おもちゃなどで遊ぶ、必要なら投薬までをお願いできるのが一般的。環境の変化を嫌う猫にとって、飼い主さんがいなくても、いつも通りの生活ができるのが利点です。

知識も豊富で遊び方も上手なシッターさん

ハル&さんちゃん

受診の頻度が高いほど、保険は役立ちます

# ペット保険

　猫と暮らすと、必要になるのが、医療費です。獣医療は自由診療ですから、医療費は動物病院によって異なります。保険に加入していないと、すべて実費になります。たとえば検査ひとつにしても高度なものだと、飼い主には結構な負担になることも。現在は、シニア猫でも加入できるなど、各種ありますから、検討するのも一案でしょう。

## ペットホテル

留守番時、猫をペットホテルに預けるという選択肢も。動物病院やトリミングサロンに併設されているホテルと、ホテル専門店があり、預ける前に、下見をして決めるといいでしょう。ホテルではケージ内で過ごすことが多くなりがちですが、最近のサービスは多種多様。預ける際の詳細については、よく相談してみてください。

ホテル内ではケージで過ごすことになる

## ペット霊園

悲しいことですが、猫との生活にもいつかは、必ずお別れがやってきます。その時、葬儀をお願いするのがペット霊園です。僧侶による読経から個別に火葬して、お骨を拾い、四十九日法要までと手厚い個別葬から、他の猫と一緒に火葬する合同葬など、弔い方はさまざま。いざという時のために調べておくといいですね。

供養祭が行われることも

## ペットロス

ロスとは、英語で喪失という意味で、ペットを亡くした喪失感のこと。誰でも、愛猫を亡くす経験は悲しいことですが、悲しみが大き過ぎると心の病気や、体に不調が現れることがあり、それを「ペットロス症候群」と呼びます。重症化してしまうと、本人はもとより周囲の人もつらいでしょうから、専門機関を頼ることも考えてみては。

心の整理には「時間薬」が役立つことも

## 扁平上皮癌
へんぺいじょうひがん

　猫の口内やあご、耳の周囲、鼻など顔周りや頭部にできやすい皮膚のがんです。最初はなかなか気づきにくく、進行すると、病変部に潰瘍ができたり出血したりします。外科手術で切除し、放射線治療を行うのが一般的です。しかし、悪性度が高いと再発する場合もあります。白い猫は耳先にできやすいといわれています。

## 膀胱炎
ぼうこうえん

　読んで字のごとく、膀胱に起こる炎症です。猫が何回もトイレに入っては出てこない、陰部をなめて気にする、などで判明します。膀胱内に結石ができたり、細菌に感染したりして発症しますが、猫の場合、ストレスが原因のひとつといわれる「特発性膀胱炎」が多い傾向に。治療は、療法食、抗生剤、飼育環境の整備などにより行います。

## ボディコンディションスコア

真上から猫をチェックしてみて！

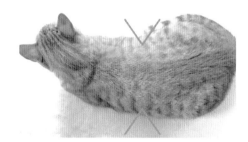

　猫の健康維持のために、肥満や痩せ過ぎかを測る体型の目安となるスコアです。略称はBCSで、評価が1〜5、1〜9に分かれているものがあります。1〜5のBCSでの理想は3で、猫を上から見た時に、わずかな腰のくびれがあること。猫種ごとの体型の差もありますので、参考までにするといいでしょう。

## マイクロチップ

　直径約1〜2mm、長さ約8〜12mmの円形のICチップ。15桁の数字で個体識別を行います。飼い主情報もあるチップを猫の皮下に注射で埋め込みます。脱走や、災害時に離れてしまっても、読み取りリーダーで身元確認が可能です。2022年6月から、販売される猫や犬へのマイクロチップの装着が法律で義務づけられました。

引っ越したら書類を書き換えるのも忘れずに

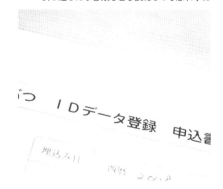

# 迷子札

マイクロチップが最新式の個体識別なら、迷子札は昔ながらのアナログバージョンの個体識別。愛猫の名前や連絡先を入れたネームプレートを首輪につけます。昔は、寝る時だけ帰ってきて、あとは外へ出かける、との飼い方が主流だったので、迷子札は必須でした。現在は完全室内飼いが主流で、首輪をしない猫も増えています。

金属に刻印するタイプもあります

# ラバーブラシ

ブラッシングの際に使用する、ゴム製のブラシ。摩擦で抜け毛がよく取れる他、マッサージ効果も。どちらかというと短毛猫におすすめ。

柔らかい
ゴム製の突起が

# リンパ腫

猫のがんのなかでも、最も多いといわれているのがリンパ腫です。胃腸、鼻、皮膚など、さまざまな臓器に発生することが知られています。とりわけ縦郭型と呼ばれるタイプでは、猫白血病ウイルスとの関連性が指摘されています。治療は、抗がん剤を用いる化学療法や、放射線治療で行います。

# ワクチン接種

ワクチン接種は、感染症を予防する、または重症化させないため、猫にとって必要なものです。ワクチンの種類はいくつかありますが、3種混合（猫ウイルス性鼻気管炎、猫カリシウイルス感染症、猫汎白血球減少症）が一般的です。ワクチン接種をする前は、動物病院で猫の健康状態を確認してから行います。

接種のタイミングなどは獣医師と相談を

主な参考文献

『イラストでみる猫学』林 良博監修／講談社

『飼い猫のひみつ』今泉忠明／イースト・プレス

『図解雑学 最新 ネコの心理』今泉忠明／ナツメ社

『ときめく猫図鑑』今泉忠明監修／山と溪谷社

『猫脳がわかる！』今泉忠明／文藝春秋

『猫の教科書 改訂版 TEXTBOOK OF THE CAT』高野八重子・高野賢治／緑書房

『ねこの事典』今泉忠明監修／成美堂出版

『My Picture Book 世界のねこ』ジェニファー・プリング／青幻舎

主な参考ウェブサイト

国立大学法人 岩手大学
「ネコのマタタビ反応の謎を解く 第2弾！ ～完全肉食のネコがマタタビを舐めたり噛んだりする理由が
明らかに～」
https://www.iwate-u.ac.jp

Articles - Cats International
https://catsinternational.org/articles/

iScience
https://www.cell.com/iscience/fulltext/S2589-0042(23)01925-9

監修

**今泉忠明** 哺乳動物学者。日本動物科学研究所所長。
　　　　『おもしろい！ 進化のふしぎ ざんねんないきもの事典』（高橋書店）など、著書・監修多数。

**田草川史彦** 東京都新宿区にある聖母坂どうぶつ病院院長。日本獣医麻酔外科学会所属。
　　　　地域に根差したアットホームな動物病院づくりを目指す。

**石原さくら** 猫写真家、猫研究家。
　　　　キャッテリーや猫カフェの運営における知識と飼育経験を活かして、
　　　　キャットファーストな撮影を実践。愛玩動物飼養管理士1級


Staff

| | |
|---|---|
| 表紙・本文デザイン | 平澤靖弘（jump） |
| デザイン協力・DTP | 藤岡恵美子 |
| 編集・執筆 | Atsuko Yanase（CO2） |
| 写真協力 | 後藤さくら |
| 校正 | 前田理子（みね工房） |

猫にまつわるコトバがぜんぶわかる！
# ねこまみれ事典
2024年2月22日　初版発行

| | |
|---|---|
| 発行人 | 松浦祐子 |
| 発行所 | ONDORI |
| | https://www.ondori-books.jp |
| 発売元 | ㈱中央経済グループパブリッシング |
| | 〒101-0051　東京都千代田区神田神保町1-35 |
| | 電話03-3293-3381（営業代表） |
| | https://www.chuokeizai.co.jp |
| 印刷・製本 | 文唱堂印刷㈱ |

©2024 Printed in Japan